BIBLIOTHÈQUE DU JARD[IN]

PUBLIÉE

AVEC LE CONCOURS DU MINISTRE DE L'AGRICULTURE

LA GREFFE

PAR LOUIS NOISETTE

DEUXIÈME ÉDITION

PARIS

LIBRAIRIE AGRICOLE DE LA MAISON RUSTIQUE

26, RUE JACOB, 26

1857

BIBLIOTHÈQUE DU JARDINIER

PUBLIÉE

AVEC LE CONCOURS DU MINISTRE DE L'AGRICULTURE

LA GREFFE

PARIS. — IMP. SIMON RAÇON ET COMP., RUE D'ERFURTH, 1.

BIBLIOTHÈQUE DU JARDINIER

PUBLIÉE AVEC LE CONCOURS

DU MINISTRE DE L'AGRICULTURE

LA GREFFE

PAR

LOUIS NOISETTE

DEUXIÈME ÉDITION

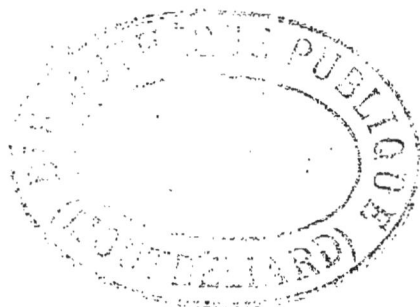

PARIS

LIBRAIRIE AGRICOLE DE LA MAISON RUSTIQUE

26, RUE JACOB, 26

Bien que nous n'ignorions pas que le célèbre A. Thouin ait publié une monographie des greffes, dont il vient d'être fait une nouvelle édition, à laquelle nous avons contribué par une courte notice sur ce savant regrettable, nous avons cru devoir réimprimer le *Traité complet de la Greffe* de LOUIS NOISETTE.

La greffe est un sujet d'un intérêt si vaste et dont toutes les conséquences sont encore loin d'être connues, qu'on ne saurait trop accumuler les renseignements sur cette opération importante, pour fournir aux praticiens l'occasion d'expériences capables de porter la lumière sur les influences qu'elle peut exercer, influences à l'égard desquelles règne encore beaucoup d'obscurité.

D'un autre côté les honorables travaux de Noisette, et l'étude approfondie de l'art de greffer, qu'il n'a cessé de faire pendant sa longue carrière doivent inspirer une grande confiance, et rendent son ouvrage digne d'entrer en lice avec celui de Thouin. Il ne nous appartient pas de dire lequel des deux est le meilleur, mais en les comparant on y trouvera des différences remarquables, et quelques dissentiments qui doivent appeler les méditations des horticulteurs.

Nous croyons donc rendre service à la science en publiant cette nouvelle édition, que nous faisons précéder d'une notice sur la vie et les travaux de l'auteur.

Les mêmes raisons nous ont porté à réimprimer l'*Essai sur la greffe de l'herbe*, par le baron de Tschudy, esprit supérieur et observateur profond. Ce n'est pas que Noisette ait omis la greffe herbacée, mais il en a parlé d'une manière trop concise, et qui motive suffisamment la réimpression de l'ouvrage, écrit d'ailleurs d'une manière savante et originale, et qui mérite d'être sérieusement étudié, à cause des nombreuses observations nouvelles dont il fourmille, et dont l'horticulture peut, ce nous semble, tirer quelques applications fructueuses, autant sous le rapport des résultats matériels de l'opération, que sous celui des progrès de la physiologie végétale. C'est un travail qui, manquant depuis longtemps dans le commerce, n'est pour ainsi dire connu que par tradition, tandis qu'il a besoin d'être médité sur le texte même.

Les amis de la science horticole, à laquelle nous sommes depuis longtemps et serons toujours dévoué, reconnaîtront, nous l'espé-

a.

rons, que nous avons satisfait à un besoin
par cette réimpression sur la greffe, branche, nous le répétons, fort importante, et de
laquelle on est loin d'avoir obtenu le dernier
bienfait.

ROUSSELON.

NOTICE

SUR

LOUIS NOISETTE,

AGRONOME,

PAR M. ROUSSELON.

Louis-Claude Noisette naquit à Châtillon, arrondissement de Sceaux, le 2 novembre 1772. Son père était alors jardinier chez madame Andrieux, qu'il quitta peu de temps après pour aller diriger les cultures de *Brunoy*, domaine appartenant au comte de Provence, devenu plus tard Louis XVIII. Noisette père jouissait alors d'une réputation qui le plaçait au premier rang des jardiniers de son époque. Le jeune Louis avait fait ses premiers pas sur les pelouses du parc ; les beaux ombrages de ses arbres séculaires avaient abrité les jeux de son enfance, et son imagination, naturellement fort vive, s'était exaltée par l'admiration que lui inspiraient les beautés naturelles et artistiques de cette magnifique résidence. Ces émotions si suaves et si fraîches, qui se renouvelaient, chaque jour, pendant l'adolescence de Noisette, temps où l'âme s'étonne et s'inquiète, lui inspirèrent dès lors cette ardente passion qu'il a montrée toute sa vie pour les merveilles de la nature végétale, et ce fut avec un goût

irrévocablement décidé qu'il commença ses pre-.
miers travaux de jardinage, en compagnie de ses
frères, et sous la direction de leur père, qui réunis-
sait dans ses attributions toutes les branches, aujourd'hui si distinctes, des pratiques horticoles.

La révolution, qui grondait alors, devait bientôt marquer un arrêt dans la vocation de Louis
Noisette. Comme tous les jeunes hommes, il dut
payer son tribut au génie de la guerre, et la réqui-
sition le plaça, en 1793, dans le 9ᵉ bataillon de
Seine-et-Oise, où il fut fait sergent-major. Incor-
poré ensuite au 83ᵉ de ligne, il parvint à obtenir
son congé, et fut aussitôt, en 1795, nommé jardinier du Val-de-Grâce, dont il dirigea l'école botanique et les serres. Placé dans la position la plus favorable à ses goûts, il se livra, sans réserve, à sa
passion dominante, et montra une ardeur que l'activité qui lui était naturelle portait à un haut degré.
Son temps était entièrement consacré aux travaux
manuels, à l'étude de la botanique et des sciences
auxiliaires de l'agriculture, et il trouvait encore le
moyen de donner, chaque soir, une ou deux heures
à perfectionner son instruction, dont il reconnais-
sait l'insuffisance. Cette assiduité obstinée lui valut,
à juste titre, l'estime de M. Barbier, chirurgien en
chef, qui, de protecteur d'abord, devint ensuite
son ami; il dut, en effet, ses premiers succès aux
conseils et à l'appui de cet homme excellent. Le
fléau de la guerre remplissait alors le Val-de-Grâce

de blessés auxquels la patrie voulut donner plus d'espace pour les promenades de leur convalescence ; l'école de botanique fut abandonnée et convertie en préau, et la part des travaux de Louis Noisette fut réduite à la direction des serres, à la culture d'un terrain adjacent et aux soins que réclamait le jardin du collége, aujourd'hui lycée Henri IV. Peu de temps après, la place de jardinier du Val-de-Grâce fut elle-même supprimée, et les serres et terrain offerts en location ; Noisette n'hésita pas à les prendre à loyer, et dès ce moment, qui approche de la fin du XVIIIe siècle, il commença à travailler pour son propre compte.

Studieux, intelligent et d'une activité que nous avons déjà signalée comme extraordinaire, ses cultures prospérèrent ; et, vers 1806, il acheta le terrain du faubourg Saint-Jacques, tel qu'il existe encore aujourd'hui, la partie qui en a été distraite, il y a quelques années, ayant été acquise postérieurement. C'est là qu'il fonda l'établissement que chacun a pu voir et admirer, et qui, du premier jet, se trouva riche de toutes les plantes remarquables que possédait alors l'horticulture française, entravée par le défaut de relations maritimes.

C'est là aussi que, peu de temps après, le prince d'Esterhazy vint chercher tous les arbres dont il avait besoin pour les immenses plantations qu'il voulait faire sur ses domaines, plus immenses encore. Frappé des vastes connaissances qu'il trouva

dans Noisette, émerveillé des plantes rares, curieuses ou belles que recélaient ses cultures, il lui
offrit de diriger les embellissements qu'il avait pro-
jetés, et lui proposa de l'emmener avec lui dans ses
possessions, afin qu'il pût juger par lui-même des
travaux nécessaires. Noisette saisit avec empressement cette occasion de voyager, et ce fut avec
ce prince, ou sous ses auspices, qu'il lui fut donné
de parcourir l'Allemagne, l'Autriche, la Hongrie, la
Bohême, la Pologne, et de visiter les jardins royaux
et autres les plus célèbres de ces contrées de l'Europe septentrionale.

Il fit faire sur les domaines du prince d'Esterhazy toutes les plantations qu'il avait entreprises, et
y fit transporter les plantes qu'il avait choisies
pour en compléter l'ornementation. Ses travaux
étant d'une grande importance, il en arrêta les
plans, et laissa sur les lieux, pour les conduire à fin,
ses deux frères Etienne et Marie. Il est remarquable que dans cette famille, qui a compté vingt-et-un
enfants, tous les mâles ont embrassé l'horticulture,
tant ce goût y était inné et tant l'exemple de Louis
Noisette était entraînant.

De retour à Paris, heureux des nouvelles connaissances qu'il avait acquises dans ce voyage, en-
hardi par les bénéfices que lui avait valus la confiance reconnaissante de son noble client, il continua,
avec la même persévérance, à enrichir son établissement, qui devint le premier de France.

Nous venons de faire pressentir la satisfaction
du prince d'Esterhazy ; qu'il nous soit permis de
rapporter, dans leur simplicité, deux anecdotes qui
en portent témoignage et que Noisette nous a plusieurs fois racontées. Un jour, ce seigneur, en l'em-
menant dans sa voiture pour visiter les jardins
de la Malmaison, vint à demander l'heure, et Noisette mit en évidence une modeste montre d'argent ;
à sa vue, le prince, qui avait aussi tiré la sienne, la
lui offrit gracieusement, en le priant de la garder en
souvenir de lui. Cette montre d'or à répétition, et
garnie d'une riche chaîne, a été précieusement conservée par Noisette, qui la portait souvent. Plus
tard, le prince, prêt à partir, se promenait encore
dans le même tête-à-tête qui paraissait lui plaire
infiniment, lorsqu'il demanda à son compagnon ce
qu'il pensait des deux chevaux attelés à sa voiture ;
la réponse fut flatteuse pour les coursiers, qui, tous
deux, traînant un char, firent, quelques jours après,
leur entrée dans la maison du faubourg Saint-
Jacques.

Mais revenons à notre sujet.

La restauration, en rétablissant les relations in-
ternationales, permit à Noisette d'aller visiter les
cultures anglaises. Il fut reçu, par les horticulteurs de la Grande-Bretagne, avec les égards que
lui méritait sa brillante réputation, et, en deux
voyages successifs, il en rapporta des cargaisons
considérables de nouveaux végétaux et des graines

précieuses dont il obtint d'heureux résultats. Ses liaisons dans les classes élevées de la société lui offrirent, en outre, les moyens de recevoir, des contrées les plus éloignées du globe, des plantes inconnues encore, qui apportaient aux amateurs de précieuses jouissances et fournissaient au commerce des sujets d'échange avantageux.

Il acquit alors à Fontenay-aux-Roses, un terrain important dans lequel il établit une école d'arbres fruitiers qui ont été pour lui un objet de prédilection. Les succès qu'il a obtenus dans cette branche si intéressante ont jeté un vif éclat sur sa carrière. Cette pépinière a été vendue en 1836; mais l'école d'arbres à fruits a été transportée à Montrouge, où une nouvelle acquisition a fourni le terrain nécessaire. C'est là qu'il a recueilli les Poiriers et Pommiers des semis Van Mons, qui lui furent envoyés lors du démembrement du jardin du pomologiste belge.

L'horticulture n'était pas un champ assez vaste pour la vive imagination de Louis Noisette. Il avait, dès le début, étudié avec une égale ardeur les grands principes de l'agriculture, et cherché les meilleurs moyens de la rendre profitable. C'est pour mettre en pratique les idées qu'il avait mûries, qu'il acheta, en 1823, une ferme à Misery, près Coulanges-la-Vineuse (Yonne). Nous ne dirons rien des travaux qu'il a fait exécuter, des animaux en grand nombre (bêtes bovines et ovines) qu'il y entretenait;

mais nous signalerons les importantes plantations qu'il y a faites, notamment en Peupliers, plantations qui dépassent deux cents milliers d'arbres. Nous ajouterons qu'il a, en outre, planté à ses frais plusieurs kilomètres de chemins vicinaux, pour rendre plus évidents l'utilité et les avantages qu'on trouve à donner aux routes une bordure de végétaux ligneux choisis en raison des circonstances locales.

Il s'était aussi particulièrement occupé d'essais comparatifs sur les diverses espèces ou variétés de céréales, dont il possédait une collection de plus de cent cinquante. Nous devons nous hâter de dire qu'il n'en admettait qu'une trentaine comme complètement méritantes; malheureusement, nous ne sommes pas en mesure de les signaler nominativement.

Nous venons de montrer Noisette créateur, par son active industrie, de deux établissements remarquables, l'un horticole, l'autre agricole. Le premier pouvait suffire à sa gloire; il lui avait fait une réputation européenne. Elle amenait chez lui cette foule de visiteurs de tout rang et de tous pays qui venaient y puiser le goût de l'horticulture, en admirant ses plus aimables productions. Elle y conduisit, en 1815, les trois souverains du Nord, pendant leur séjour à Paris; et, parmi les médailles obtenues par L. Noisette, on peut voir encore aujourd'hui celle d'argent donnée par l'empereur Alexandre, pour attester sa visite.

Il était membre d'un grand nombre de sociétés horticoles et agricoles françaises et étrangères, dont il serait trop long de faire l'énumération. Plusieurs d'entre elles honorèrent ses travaux de leurs distinctions. C'est ainsi que, en 1807, la Société d'agriculture de la Seine lui décerna une médaille d'or à l'effigie d'Olivier de Serres, et que la Société horticulturale de Londres lui a donné une grande médaille d'argent en 1817, et trois autres d'un plus petit module en 1821, 1823 et 1826.

Enfin, le 8 mai 1840, il reçut la décoration de la Légion-d'Honneur, sur la proposition du ministre de l'agriculture et du commerce ; juste récompense d'une carrière si honorablement remplie.

Mais, ce serait cacher les plus beaux titres de Noisette à la reconnaissance de l'horticulture que de nous borner à la simple exposition des principaux événements de sa vie ; nous devons quelques détails sur les services particuliers qu'il a rendus à cette science.

Ainsi que nous l'avons dit, ses premiers pas, dans la vocation qu'il avait embrassée, furent guidés par son père, qui cultivait toutes les branches du jardinage ; c'est faire connaître qu'elles étaient toutes familières à Louis Noisette. En effet, il possédait à fond chacune d'elles, et l'art du paysagiste, dans lequel il montrait un goût épuré, lui offrait d'ingénieux moyens de créer les scènes les plus pittoresques, par le rôle qu'il savait assigner à chacun des végétaux grands ou petits dont il les composait. Ce tact exquis se retrouvait dans celles d'une grande étendue, comme dans la disposition de ses serres, dont il faisait une imitation en miniature de quelque tableau naturel.

Son jardin du faubourg Saint-Jacques, qu'il a planté d'une manière si remarquable, en est un exemple. Là, des serres froides, tempérées et chaudes à divers degrés, offrant un développement de plus de 600 mètres, et toujours pleines des végétaux les plus intéressants du globe, une orangerie, des bâches et des châssis, consacrés à la multiplication, composaient le théâtre de ses travaux. Il n'est certes pas un jardin en France qui ne possède quelques-unes des plantes sorties de cet immense laboratoire.

Parmi les arbres de pleine terre, qui ombraient la partie de son jardin la plus rapprochée de l'habitation, se voyaient un grand nombre d'arbres exotiques plantés de ses mains, et dont quelques-uns sont devenus les plus beaux échantillons qui existent sur le territoire français. Nous citerons plusieurs variétés du *Robinia pseudo-acacia* et *styraciflua*, le *Juglans nigra macrocarpa*, le *Quercus macrocarpa*, l'*Ulmus nigra*, le *Planera crenata*, les *Populus grandidentata* et *argentea*, le *Salisburia adiantifolia*, le *Liquidambar orientale*, le *Virgilia lutea*, le *Betula bella*, dont M. Poiteau a fait le *Philippodendrum regium*, le *Cupressus Tournefor-*

tii, le *Thuya tatarica*, les Pins de Riga et laricio, le Cèdre du Liban, etc., etc.

Au nombre des végétaux de serre tempérée, on remarquait un bel *Araucaria Dombeyi*, deux *Araucaria excelsa* formés de boutures de branches latérales, et qui, par cette raison, n'ont pas le port droit et verticillé de ce bel arbre, mais dont le prodigieux développement oblique permettait de former par leur réunion, pendant le beau temps, une arcade curieuse au milieu de l'avenue principale de son établissement, et devant laquelle les connaisseurs s'arrêtaient, incertains dans l'appréciation de ces deux végétaux. Les *Pinus nepalensis* et *canariensis* en beaux échantillons, des *Cupressus australis* et *pendula*, des *Eucalyptus*, un *Hovenia dulcis*, des *Mimosa*, etc., etc., étaient encore de beaux ornements de ses serres tempérées.

Les serres chaudes n'offraient pas moins de végétaux remarquables, tels que plusieurs espèces de *Dracæna*, des *Pandanus utilis* et autres, des Palmiers, un *Corypha umbraculifera* et autres plantes tropicales, parmi lesquelles il s'en trouve d'un développement rare.

Il est encore quelques faits particuliers sur lesquels nous devons arrêter l'attention des amis de l'horticulture.

Le genre *Pæonia*, aujourd'hui si riche en variétés arborées et herbacées, a reçu l'hospitalité en France, dans les serres de Noisette, en 1797.

Les trois premières Pivoines en arbre, les *Moutan*, *papaveracea* et *odorata rosea*, ont produit chez lui de nombreuses variétés qui, jointes à quelques nouvelles acquisitions, ont porté sa collection à un haut degré de beauté.

Trois *Camellia*, qu'il a reçus directement de la Chine, ont été les types d'un grand nombre de variétés qu'il a introduites dans le commerce, et n'ont pas peu contribué à faire rechercher la plante japonaise, dédiée au père Camelli. Le *Camellia myrtifolia* est au nombre de ses introductions.

Il avait une fort riche collection de Roses, et c'est à lui que ce genre important est redevable de la belle tribu des Noisettes, dont le type, enfant de la *sempervirens*, est né dans la Caroline du Sud, d'un semis fait par Philippe Noisette, son frère, qui, ayant reçu du gouvernement une mission pour l'Amérique, s'était établi dans cet Etat. C'est dans son établissement qu'est né, vers 1815, de graines venues directement de l'Inde et qui lui ont été données par M. le docteur Mérat, le premier *Rhododendrum arboreum album*. Il possédait une fort belle collection de Rosages de serre et de plein air, et des Azalées indiennes et autres fort intéressantes.

On lui doit l'introduction d'un grand nombre de plantes du Népaul envoyées par Wallich, comme *Sorbus vestita*, qui a paru en même temps (1820) au jardin des plantes, *Pyrus nepalensis*, *Coriaria sarmentosa*, *Fraxinus floribunda*, *Olea glandulosa*,

Acer oblongum, *Ligustrum nepalense*, *Pinus nepalensis*, *Armeniaca nepalensis*, etc., etc. C'est aussi
chez lui qu'a fleuri, pour la première fois, le *Ma-
clura aurantiaca* mâle, dont on possédait aupara-
vant l'individu femelle.

Il a été l'un des premiers à former une collection
de Fraisiers, où il a admis en grand nombre les
Fraises anglaises qu'il a fait connaître et dont il a
possédé les plus belles.

Sa collection de Groseillers épineux était aussi
fort intéressante et fort nombreuse; c'est chez lui
qu'on a vu les premières variétés à gros fruit que
tous les amateurs recherchaient, et qui sont encore
aujourd'hui très estimées.

Au reste, cette notice ne peut suffire à rappeler
toutes les plantes dont il a enrichi le commerce
horticole par ses importations et ses semis. Infati-
gable dans ses recherches comme dans ses opéra-
rations, ne calculant pas la dépense sous les inspi-
rations de son goût dominant et passionné, profon-
dément versé dans la connaissance des plantes dignes
d'intérêt, et, par conséquent, très capable d'en apprécier le mérite, il avait toutes les qualités qui font
l'horticulteur distingué. L'amour des plantes n'a jamais été pour lui un engouement passager; il les
aimait pour elles-mêmes, et, pour ainsi dire, sans
préférence. Une nouveauté, quelle qu'elle fût, était
toujours la bienvenue ; mais elle ne faisait point ou-
blier ses devancières, pour lesquelles il conservait

la même affection. Enthousiaste des œuvres de la nature, il était, avec toute raison, persuadé qu'aucune d'elles n'avait été créée envain, et souvent il se surprenait à chercher, comme Bernardin de Saint-Pierre, pour les fleurs les moins favorisées, les harmonies qui devaient les dédommager. Jamais il ne réformait de plantes sous prétexte qu'elles étaient passées de mode; leur âge dévoilait de nouveaux charmes à ses yeux, et c'est pour cela qu'il aurait voulu posséder des conservatoires assez grands pour voir les beaux végétaux exotiques dans leur développement normal et complet; aussi ne trouvait-on plus que chez lui des plantes disparues du commerce.

Non content de communiquer oralement et par correspondance tous les renseignements de culture demandés à son expérience, il a publié deux ouvrages remarquables : l'un, le *Jardin fruitier*, 3 vol. in-4°, avec figures, en compagnie du docteur Gauthier; l'autre, le *Manuel complet du jardinier-maraîcher, pépiniériste, botaniste, fleuriste et paysagiste*, 4 vol. in 8°, fig., et deux suppléments. C'est dans ce dernier qu'il avait inséré le Traité de la greffe que nous reproduisons, et qui a été l'objet de ses études les plus suivies. Il a été longtemps l'un des rédacteurs du *Bon Jardinier*; et enfin l'on trouve des articles de lui dans le *Dictionnaire d'agriculture* de François de Neufchâteau, dans le *Journal de la Société d'agronomie pratique*, dans les

Annales de Flore, l'*Agriculteur praticien,* etc., etc,

Noisette ne fut jamais marié et ne laisse point d'héritier direct. Il ne reste plus qu'un frère, Antoine Noisette, établi à Nantes, dont il a dirigé le jardin botanique, des sœurs, et un certain nombre de neveux et nièces. Il leur a été enlevé le 9 janvier 1849.

Tel fut L. Noisette; la postérité redira son nom comme nous répétons ceux d'Olivier de Serres, de Bernard de Palissy, de la Quintinie, de Thouin et de tant d'autres illustrations des sciences agronomiques. La gloire de ces bienfaiteurs de l'humanité est moins brillante peut-être que celle des vaillants capitaines qui servent la patrie de leur épée; mais leurs travaux parviennent à sécher les larmes que la guerre fait répandre. L'histoire, espérons-le, les mentionnera, désormais, pour offrir quelques pages consolantes, en regard de celles que remplit la narration des désordres politiques qui ensanglantent le monde. Pour nous, qui savons apprécier ces travaux si humbles en apparence et pourtant si féconds en résultats heureux, nous placerons le nom de Noisette parmi les plus illustres de ceux dont l'horticulture reconnaissante doit garder le souvenir.

(*Extrait des* Annales de la Société centrale d'horticulture de France, 1849).

TRAITÉ COMPLET

DE LA GREFFE,

Par Louis NOISETTE.

———————◆◆◉◆◈———————

CHAPITRE PREMIER.

DE LA GREFFE.

Dès la plus haute antiquité on connaît l'art de la greffe, mais le nom de son inventeur n'est pas parvenu jusqu'à nous. Il est à croire que le hasard en aura fourni le premier exemple, et que les hommes n'auront fait que perfectionner cette découverte. « Les branches de deux arbres analogues, dit Dumont de Courcet (1), se sont entrelacées et serrées immédiatement. Le vent qui les a agitées a déchiré et enlevé leur écorce à l'endroit de leur jonction ; la sève a réuni les deux parties ensemble, et l'une des deux s'est changée en la nature de l'autre. Qu'on ait coupé ensuite une de ces bran-

(1) *Le Botaniste Cultivateur,*

1

ches au dessous de leur réunion, et toutes celles de la tige de l'autre, on a pu être étonné
de voir un amandier porter les pêches de son voisin, ou celui-ci produire des amandes. Ainsi l'on
peut croire que la greffe en approche est la première
de toutes, et a indiqué la possibilité d'en faire de
nouvelles. » Qu'il en soit ainsi, ou autrement, il
n'en est pas moins vrai qu'un des peuples les plus
anciens du monde, les Phéniciens, connaissait cette
opération, par laquelle on change à volonté la nature de presque tous les végétaux. Ils transmirent
la connaissance de la greffe aux Carthaginois et aux
Grecs. Les Romains la reçurent de ces derniers
et la répandirent en Europe, où elle fit d'abord de
grands progrès, mais où, bientôt après, elle se perdit
presque entièrement, parce que l'on ne sut pas en
faire une juste application, et qu'on la regarda plutôt comme une expérience curieuse et amusante que
comme une chose utile. Dans le fait, si l'on se donne
la peine de lire ce qu'en ont dit les auteurs anciens (1), on verra qu'ils n'ont fait que soupçonner

---

(1) Parmi les auteurs grecs, Aristote, Théophraste et
Xénophon ; Magon chez les Carthaginois ; Virgile, Pline,
Varron, Constantin César et Columelle parmi les Romains;
dans des temps moins reculés, Kuffner, Agricola et Sikler
en Allemagne ; plus nouvellement encore, Miller, Bradeley et Forsyth, en Angleterre ; Olivier de Serre, La Quintinie, Duhamel, Rosier, Cabanis, etc. en France. Mon
premier maître et mon ami, le vénérable M. Thouin, que

les avantages immenses que l'on pouvait en tirer.
Ce fut La Quintinie qui, le premier parmi les auteurs modernes, donna un aperçu de l'importance
que la greffe pourrait avoir en agriculture : aussi son
ouvrage fit-il une grande sensation, et l'on mit à la
mode l'art de greffer. On crut alors qu'il ne s'agissait plus que de faire subir cette opération à tous les
arbres, de quelque nature que ce fût, pour les mé-
tamorphoser en arbres fruitiers, et changer nos forêts en immenses vergers. Peu s'en fallut que ces
espérances déçues ne fissent une seconde fois abandonner totalement cette méthode, comme il était déjà
arrivé huit à neuf cents ans avant.

« La greffe, dit M. Thouin, est une partie végétale vivante, qui, unie à une autre, ou insérée dedans, s'identifie avec elle, et y croît comme sur son
pied naturel lorsque l'analogie entre les individus
est suffisante. » Il résulte de cette définition, parfaitement juste, que l'art de greffer a pour but de changer, selon la volonté de celui qui fait l'opération, le
tronc, ou seulement les branches d'un végétal,

la mort vient d'arracher aux sciences et à ses nombreux
amis, a donné au public, dans les Annales du Musée, une
monographie des greffes où il a consigné les progrès de cet
art étonnant. Enfin, M. le baron Tschudy, en publiant sa
Méthode des greffes herbacées, a complété l'histoire de ce
moyen de multiplier les variétés. Telle est la nomenclature des auteurs anciens et modernes qui ont donné des
détails vraiment intéressants sur cette matière.

en tronc ou branches d'un autre végétal ; du moins
c'est là ce que l'on se propose le plus ordinairement.
Mais les résultats en sont extrêmement variés ,
et c'est peut-être pour cette raison que cette voie de
multiplication a tant de charmes pour toutes les personnes qui consacrent une partie de leur vie à la
culture, et qui en font leur plus douce jouissance.
En effet, quel spectacle plus attrayant pour l'homme
pensant, que celui d'une nature sauvage, ne produisant d'abord que des fleurs sans éclat et des fruits
amers, obéissant tout à coup à la main puissante qui
la dirige, et se parant presque aussitôt des dons les
plus brillants de Flore. et de fruits délicieux. On ne
peut nier que la greffe, par laquelle s'opèrent ces
miracles, soit une des plus aimables comme une des
plus utiles conquêtes que l'art ait faites sur la nature.

Par son moyen on conserve et multiplie les variétés et sous-variétés obtenues par d'heureux hasards
ou par une fécondation artificielle, lorsque la voie
des semis serait impuissante pour les reproduire.
C'est par elle que l'amateur a la certitude de faire
toujours figurer dans ses collections ces belles roses
qui font l'admiration de tous ceux qui les voient, et
ces fruits magnifiques dont la saveur exquise le dis-
pute au coloris le plus séduisant. Même, lorsque ces
précieuses variétés peuvent se multiplier par d'autres moyens, on a encore recours à celui-ci pour
assurer et surtout beaucoup hâter ses jouissances.

Si une maladie, ou un accident bizarre, change
jusqu'à un certain point la nature d'un végétal,
mais d'une manière curieuse ou agréable, c'est par
la greffe que l'on fixe cette monstruosité, et qu'on la
perpétue. C'est ainsi que nous possédons des arbres
à feuilles panachées ou laciniées, à fleurs semi-
doubles, doubles, ou pleines ; à fruits remarquables
par leur saveur, leurs couleurs, ou leurs singularités.
Les rosiers mousseux, à feuilles de laitue ou de chanvre, prolifères ; les érables laciniés, panachés, ma-
culés ; les orangers hermaphrodites, les cerisiers à
grappes , et cent autres anomalies plus singulières
les unes que les autres , ne se conservent et ne se
multiplient pas autrement.

La greffe a encore cet avantage très précieux,
qu'elle hâte de plusieurs années la fructification des
arbres pour lesquels on l'emploie. Un amateur re-
marque-t-il dans ses pépinières un jeune sujet sans
épines, dont les feuilles se développent plus ample-
ment, et dont les bourgeons soient plus rapprochés
que chez les autres de même espèce, il a l'espérance
d'en obtenir un fruit nouveau ; mais cette espérance flatteuse ne doit se réaliser, ou n'être déçue,
que lorsque le végétal aura atteint de dix à quinze
ans (terme moyen pour qu'un arbre franc se mette
à fruit) ; et cette longue attente fait payer bien cher
un résultat quelquefois de peu de valeur. Que fait-
il ? Il coupe un rameau de son jeune élève, le greffe
sur un vieux pied ; et la seconde, ou au plus tard la

troisième année, il peut juger du mérite de sa nouvelle acquisition.

Ce n'est pas tout. Quoique nous ayons dit que la
greffe conservait les variétés, elle fait plus encore :
elle les perfectionne. Plus un arbre ou arbuste d'ornement est greffé, plus sa fleur augmente de volume
et d'éclat ; cette amélioration est moins sensible
dans les fruits, mais cependant elle existe. Ce qu'il
y a de bien constaté pour ces derniers, c'est qu'elle
augmente leur qualité la première fois qu'on la leur
fait subir, et qu'elle facilite leur maturité en en hâ-
tant le moment (1).

Le phénomène de la reprise des greffes s'ex-
plique assez facilement par les physiologistes. Les
gemmes, disent-ils, sont les rudimens des bourgeons, comme les semences sont ceux des individus
complets ; les premiers ayant la faculté de se
rendre propres et d'assimiler à leur nature les fluides qui leur sont fournis par des racines étrangères,
la reprise aura lieu toutes les fois que les vaisseaux
destinés à charrier ces fluides de la racine aux branches ne se trouveront pas oblitérés et engorgés dans
une de leurs parties, et que les sucs nourriciers
pourront facilement circuler du sujet à la greffe. On

---

(1) C'est en effet le seul point avéré. Mais prétendre que
plus un arbre ou arbuste d'ornement est greffé, plus sa
fleur augmente de volume et d'éclat, est une exagération
qui n'est pas digne de foi.

R.

conçoit qu'il faut, pour cela, que la partie tronquée
des vaisseaux de la greffe se trouve en contact
précis avec la partie tronquée des vaisseaux du sujet; que les orifices de ces vaisseaux soient appliqués
positivement les uns sur les autres, de manière à ce
que la sève puisse passer des uns aux autres sans
rencontrer d'obstacle. Les liqueurs nourricières dé-
posent, en passant sur la blessure, une quantité de
matière organique suffisante pour souder les bords
de la plaie; la surabondance passe dans le bourgeon
qu'elle développe, et la reprise est opérée.

Faute d'observations suivies avec discernement
et exactitude, on croyait autrefois, et des auteurs
impriment encore aujourd'hui (1), que : « quel que
soit le mode (de greffe) qu'on emploie, il s'agit toujours d'unir le *liber* des deux individus. » Le *liber*
(première écorce joignant l'aubier) ne joue pas un
rôle plus essentiel, dans la réussite de cette opération, que toute autre partie d'un végétal dans laquelle s'opère une circulation de fluides nourriciers.
Nous demanderons à ces auteurs s'ils n'ont jamais
vu pratiquer des greffes de fruits, de feuilles, ou de
tiges herbacées, avec un plein succès; ils savent que
ces parties n'ont ni écorce ni *liber :* comment sera-
ce donc le *liber* qui aura opéré la reprise?

Les plantes nous offrent dans leur organisation un
phénomène facile à observer : elles ont des parties,

(1) Voyez l'*Horticulteur Français.*

que nous appellerons *vivantes*, dans lesquelles résident tous les principes de la végétation ou de la croissance; la sève, par des canaux extrêmement fins et déliés, y circule pour les alimenter : aussi sont-elles les seules qui prennent de l'accroissement par leur *propre énergie*. Les feuilles, les organes de la fructification et l'écorce sont particulièrement dans ce cas, ainsi que les tiges dans les plantes herbacées succulentes. Les végétaux ligneux ont des parties *mortes* qui ne prennent aucun accroissement par leur *propre énergie ;* ce sont l'aubier et le bois. Par exemple si un tronc d'arbre prend de l'accroissement, il ne le doit qu'à la surabondance des fluides élaborés par l'écorce. La quantité excédante pour nourrir les parties vivantes s'extravase entre le bois et le *liber,* s'y épaissit, et devient ce qu'on appelle le *cambium,* qui bientôt se durcit, se lignifie, et forme une nouvelle couche d'aubier. S'il trouve une ouverture par laquelle il puisse passer à la surface extérieure de l'écorce, il se coagule par le contact de l'air, et forme de nouveaux gemmes, qui bientôt se développeront en branches vigoureuses, ou en racines s'ils sont placés dans des circonstances favorables. Si nous pensions devoir assigner à la greffe un principe particulier qui agît pour sa reprise, nous dirions que ce principe n'est rien autre chose que le cambium, ou, si l'on aime mieux, la sève parvenue à un certain degré d'épaississement ; et par là nous expliquerions toutes les espèces de greffes, puisque la sève se trouve en circulation dans toutes les parties vivantes.

Nous concluons que la meilleure manière d'assurer la reprise d'une greffe est : 1° de la placer sur un végétal dans la partie où la sève, étant plus élaborée qu'ailleurs, a plus de tendance à s'organiser; 2° de faire coïncider le mieux possible les vaisseaux séveux du sujet avec ceux de la greffe; 3° de choisir, pour greffer, l'époque où la sève a aussi le plus de propension à s'organiser.

Mais, avec toutes ces précautions, on ne réussira point encore à opérer la reprise, si les deux individus que l'on soumet à cette expérience n'ont pas entre eux un certain degré d'analogie, que jusqu'ici l'on n'a pas encore pu calculer. Des auteurs disent que, pour assurer le succès de cette opération, il faut la faire sur deux *sujets congénères :* mais qu'entendent-ils par *sujets congénères?* C'est ce que nous ne concevons pas, et même ce qu'ils seraient bien embarrassés de nous expliquer. Comme on fait trop généralement aujourd'hui, ils se sauvent d'une difficulté par une équivoque, et cette méthode finit par jeter tant de confusion dans la science, que ses progrès s'en trouvent singulièrement retardés.

Nous avons fait sur ce sujet une quantité d'expériences qui nous ont conduit à la connaissance d'un grand nombre de faits particuliers; mais ces mêmes faits, loin de nous éclairer sur le principe général, semblent au contraire le couvrir à nos yeux d'un

1.

voile plus impénétrable. Par exemple : l'analogie
existant entre le poirier et le pommier est bien plus
saillante que celle existant entre le poirier et le cognassier ; cependant le poirier greffé sur le cognassier réussit parfaitement, tandis que, sur le pommier, il végète un an ou deux sans donner de fruit,
et périt ensuite. Quelle peut en être la cause ? Voilà
qui paraîtra plus extraordinaire : ce poirier, que
nous n'avons jamais pu faire complètement reprendre sur le pommier, réussira jusqu'à un certain
point si on le greffe sur le néflier, l'azérolier et
même sur l'épine, toutes espèces qui paraissent avoir
beaucoup moins d'analogie avec lui. Les cerisiers ne
peuvent s'unir aux pruniers, avec lesquels ils ont
des rapports nombreux, ni aux abricotiers, pêchers
et amandiers ; et le chionanthe de Virginie, dont le
fruit est une baie, réussit très bien sur le frêne, dont
le fruit est une capsule. Un auteur, estimable d'ailleurs, a tort lorsqu'il dit que la théorie de l'art consiste : « A ne greffer les unes sur les autres que des
» variétés de la même espèce, des *espèces* du même
» *genre*, et, par extension, des *genres* de la même
» *famille*. » Si l'on soumet cette théorie à la pratique, on verra que les exceptions, ou plutôt les faits
qui la démentent, sont cent fois plus nombreux que
ceux qui ont servi à l'établir. Il est vrai que l'auteur
ajoute qu'il faut encore : « Observer l'analogie des
» arbres dans les époques du mouvement de leur
» sève, dans la permanence ou la chute de leurs

» feuilles, et dans les qualités de leurs sucs propres,
» afin de mettre toutes ces choses en rapport entre
» les sujets et les greffes. » Dans le plus grand nombre de cas, l'analogie entre la permanence ou la
chute des feuilles est de toute inutilité ; il y a plus :
dans quelques circonstances un arbre à feuilles persistantes reprend sur un autre dont les feuilles tombent chaque année ; mais ce n'est pas de cette erreur que nous devons nous occuper à présent. Seulement nous ferons remarquer que, lorsqu'il parle
de chercher de l'analogie entre les sucs propres, il
est beaucoup plus conséquent que les auteurs à
espèces congénères, sans pour cela avoir fait faire un
pas de plus à la science : car comment reconnaître
l'analogie dans les sucs propres? Faut-il les soumettre à une analyse chimique, le résultat, d'ailleurs
très difficile à obtenir, serait de toute inutilité. Faut-
il s'en rapporter aux analogies que l'œil peut saisir,
toutes les sèves limpides se ressemblent, ainsi que
toutes les sèves laiteuses, gommeuses et résineuses.
Si l'on pouvait raisonnablement recommander à des
jardiniers une étude qui leur serait peut-être plus
préjudiciable qu'utile, à cause d'une perte de temps
précieux qu'elle leur occasionerait, nous leur con-
seillerions de chercher ces analogies plutôt dans le
système vasculaire des végétaux, dans les formes des
étuis médullaires, etc., et peut-être ces recherches,
aidées de l'expérience, leur feraient-elles faire quelques découvertes précieuses à l'art de greffer. Quant

à nous, nous nous bornerons à la théorie que nous
avons donnée plus haut, et nous ajouterons seulement que, pour assurer le succès, on fera l'opéra-
ration très lestement, afin de ne pas donner le temps
aux parties amputées de se dessécher ; on mettra le
plus de justesse possible dans leur réunion; on les
garantira des influences météorologiques qui pourraient leur nuire, et on tâchera de les faire profiter
de celles qui pourraient leur être favorables. Les autres détails seront donnés à l'article de chaque greffe
en particulier.

Faute de connaître les degrés d'affinité nécessaires entre deux arbres pour la réussite de la greffe,
on avait accrédité autrefois, sur ce sujet, un grand
nombre de contes ridicules. C'est ainsi que l'on pré-
tendait qu'en greffant le pêcher sur le saule on ob-
tenait un fruit d'une grosseur prodigieuse, mais
dont la chair n'était pas mangeable. On a débité
que, pour soustraire l'oranger aux effets de la gelée,
il ne s'agissait que de le greffer sur le houx ; qu'un
rosier greffé sur le groseiller-cassis donnait des
fleurs noires : enfin quelques auteurs se sont, même
de nos jours, laissé persuader par des charlatans que
le rosier greffé sur le houx produisait une rose
verte. Dumont de Courcel lui-même, tout en réfu-
tant ces erreurs, paraît y croire jusqu'à un certain
point ; et, dans le fait, il faut avoir pour soi plusieurs années d'expérience pour n'être pas tenté de
se laisser séduire par l'apparence de naïveté avec la-

quelle grand nombre de personnes vous affirment
l'avoir vu. On a, étourdiment ou par ignorance,
avancé un fait faux ; on le soutient par amour-pro-
pre : tel est l'esprit des hommes ordinaires. On aime
mieux soutenir une sottise contre l'évidence même,
qu'avouer qu'on s'est trompé, ou qu'on a pu
l'être !

Les résultats de la greffe sont peut-être encore
plus difficiles à expliquer que les rapports d'analogie qu'il lui faut pour reprendre. Cette opération
modifie tellement le caractère de certains arbres,
qu'elle semble en changer la nature. Par exemple,
les pommiers greffés sur franc s'élèvent à une
hauteur prodigieuse ; sur paradis ils atteignent à
peine un mètre ; et il en est à peu près de même
pour tous les arbres greffés sur rejetons. Le sorbier
des oiseaux greffé sur l'aubépine s'élève, en quelques années, à 8 ou 10 mètres de haut ; venu de
semences, il reste fort longtemps un arbrisseau médiocre. Le ragouminier produit par ses graines
rampe sur la terre et atteint rarement plus de 75 centimètres de haut ; greffé sur prunier, ses tiges se
redressent, se réunissent en faisceau et s'élèvent à
1 mètre 30 cent. ou 1 mètre 75 cent.

Ce qui est plus singulier, c'est que plusieurs arbres qui ne peuvent supporter le froid de nos hivers
lorsqu'ils sont francs de pied, cessent d'y être sensi-
bles lorsqu'ils sont greffés ; c'est ainsi que l'on voit
le néflier du Japon, greffé sur aubépine, passer l'hi-

ver depuis quelques années en pleine terre, avec la
simple précaution de couvrir ses branches d'un peu
de paille, tandis que ceux provenus de semences
n'ont pu résister à la gelée, quoiqu'on ait pris pour
eux des précautions plus minutieuses. Le vrai pista-
chier, greffé sur térébinthe, n'est pas sensible à un
froid de dix degrés; s'il est produit par ses graines,
il périt à six, dit un célèbre professeur (M. Thouin).

Enfin tous les arbres, sans exception, produisent
plus de fruits, d'un plus gros volume et d'une qualité meilleure lorsqu'ils sont greffés ; et plus on les
greffe souvent, plus ces qualités augmentent. Comme
c'est ici le résultat le plus utile et le plus ordinaire
que l'on se propose d'obtenir, c'est aussi le seul
phénomène que nous allons chercher à expliquer.
Si nous réussissons à lever un coin du voile dont la
nature se plaît à couvrir ses opérations les plus es-
sentielles, nous croirons avoir rendu un véritable
service à la science, parce que nos conjectures met-
tront peut-être sur la voie quelqu'un plus habile
que nous, qui plus tard achèvera de répandre entièrement la lumière sur cette partie de l'art du jardinier. Alors, l'expérience se trouvant toujours d'accord avec la théorie, on ne marchera plus en
tâtonnant, et l'on obtiendra tout d'un coup les précieux résultats qui peuvent encore nous être cachés.
Avant tout il faut préciser les effets de la greffe sur
les organes de la fructification, et n'admettre que
ceux constatés par l'expérience.

1° Il est certain que les péricarpes charnus de
tous les fruits à pépins et de la plupart des autres
sont presque toujours, d'un cinquième, d'un quart,
et même quelquefois d'un tiers, plus volumineux
sur les individus greffés, même de la même variété,
que sur ceux qui résultent de semences.

2° Les semences, loin d'être altérées par ce
développement du péricarpe, sont au contraire plus
grosses, en même nombre et aussi fertiles. Ce principe a des exceptions dont nous parlerons plus tard.

3° La greffe influe sur la saveur du fruit, en la
rendant plus douce, plus parfumée, enfin plus agréable au goût, mais simplement par l'altération des
tiges, sans participation des sucs du sujet. Des auteurs prétendent que le sujet modifie la saveur du
fruit de la greffe, ou même qu'il la change. Ils disent
que la prune reine-claude, greffée sur différentes
variétés de sauvageons de son espèce, est insipide
sur les uns et d'une saveur délicieuse sur les autres ;
que les cerises greffées sur le mahaleb, le laurier-
cerise, ou le merisier des bois, ont un goût tout à
fait différent. Mais plusieurs fois nous avons tenté
des expériences qui nous ont appris que c'était une
erreur (1). Nous allons développer les résultats de
nos observations.

(1) L'exposition et la nature du sol sont, de l'avis des
meilleurs arboriculteurs, les causes principales de ces différences de saveurs.

                                            R.

Dans le plus grand nombre des végétaux, et particulièrement dans ceux qui reprennent de bouture,
de marcottes, et qui se prêtent à la greffe (peut-être
dans tous), toutes les parties qui les composent sont
douées, par l'effet de leur organisation particulière,
de la faculté d'élaborer les sucs nourriciers qui leur
sont transmis par des matières quelconques, et de
les assimiler à leur propre nature, sans que ces sucs
conservent jamais la moindre analogie avec ce qu'ils
étaient avant (1). La seule influence qu'ils peuvent

---

(1) Nous ne prétendons pas dire par là que le terroir n'a
aucune influence sur la qualité des récoltes; l'expérience
nous donne en chaque lieu la preuve contraire, et certes
on ne niera jamais que le vin de Bordeaux soit meilleur
que celui de Surènes. Mais ces différences ne sont que de
légères modifications dans la saveur du fruit, et ne peuvent suffire pour caractériser des variétés. En outre, si
l'on mettait en compte les influences résultant du climat,
de l'exposition, des météores, de la culture, des méthodes
employées pour la fabrication des vins, de l'époque plus ou
moins avancée de la maturité, des espèces de plants, la part
du terrain se réduirait à bien peu de chose, peut-être à
rien; il est à peu près sûr que, si l'on apportait à Paris
de la terre du clos Vougeot, les vignes qu'on y plan-
terait ne produiraient pas du vin meilleur que celui de
Surènes.

Nous savons qu'on pourra nous faire d'autres objections:
par exemple, les légumes qui croissent dans des terres fu-
mées avec des excréments en contractent assez ordinairement le goût; du moins ceux de quelques plaines des en-

avoir sur un végétal, c'est de produire chez lui
un plus grand développement de végétation, s'ils
sont abondants, et cela par la seule raison que la
plante s'en approprie une plus grande quantité.
C'est ainsi qu'un arbre planté dans un bon sol prendra des dimensions beaucoup plus considérables
que s'il était planté dans une terre médiocre ou
mauvaise.

Ce principe de physiologie végétale est prouvé
par l'expérience, et nous ne concevons vraiment pas
comment on a pu le mettre en doute, lorsque l'on
s'est demandé, si la sève d'un sujet sur lequel on a
placé une greffe influerait sur la forme, la couleur
et la saveur d'un fruit, au point d'en faire une nou-

virons de Paris en ont la réputation. Cela ne vient pas,
comme on le croit, des sucs nourriciers qui leur sont fournis par l'engrais, mais bien des miasmes qu'il exhale, qui
s'attachent à la surface des feuilles et des autres parties
des plantes, et les imprégnent d'une mauvaise odeur.

Il serait plus difficile d'expliquer, dans de certains vins,
ce que l'on appelle le goût de terroir. Cependant on a
souvent remarqué que les vignes placées dans les environs
d'un four à chaux communiquaient au vin une saveur désagréable, occasionée par les sédiments que la fumée dé-
pose sur le raisin, et pas du tout par des sucs nourriciers;
n'en serait-il pas de même dans ce cas, et ne pourrait-on
pas attribuer ce prétendu goût de terroir à des brouillards
méphitiques qui agiraient de la même manière que la fumée du four à chaux?

velle espèce, ou au moins une nouvelle variété. La
sève du sujet agira sur la greffe précisément de la
même manière que les sucs nourriciers de la terre
agissent sur une bouture ou une marcotte. Que
ces sucs soient fournis à un végétal par de l'argile,
de la silice, de l'alumine, par une terre calcaire, sa-
blonneuse ou granitique, par un humus provenant
de décompositions animales ou végétales, dès l'ins-
tant qu'ils seront absorbés par la bouture, ils se mé-
tamorphoseront en sa propre substance, ils devien-
dront de même essence qu'elle, sans égard pour ce
qu'ils étaient avant l'absorption ; et l'œil le plus
exercé n'apercevra aucune différence dans les formes et les tissus des deux boutures de même espèce
croissant dans des terrains de nature différente.

Or, la greffe n'est rien autre chose qu'une bouture, qui, au lieu d'être faite dans la terre et d'absorber les fluides nourriciers par des racines, est
placée sur une écorce dont elle absorbe les fluides
nourriciers en mettant en rapport ses vaisseaux séveux avec ceux du sujet. Enfin, pour trancher le
mot, une greffe n'est qu'un végétal parasite, vivant
aux dépens d'un autre, sans jamais former avec lui
un même et seul individu.

Pour s'assurer de la vérité de cette assertion, il
ne s'agit que de prendre un arbre greffé, à quelque
âge que ce soit, et de *décoller* ses greffes. On verra
très bien que les fibres des vaisseaux séveux du sujet et de la greffe sont superposées, mais jamais con-

tinues. Autre preuve plus convaincante encore : si
la greffe n'était pas parasite, lorsque, par exemple,
elle est placée à moitié de hauteur de tige sur un sujet de trois ans ayant déjà six couches ligneuses,
vingt ans après elle ne pourrait plus se décoller,
parce qu'il y aurait quarante couches ligneuses non
interrompues, depuis la racine de l'arbre jusqu'à sa
tête, et que les six premières couches superposées
se trouveraient renfermées sous les quarante autres
couches continues. Il n'en est point ainsi : chaque couche ligneuse partant de la racine conservera
la nature du sujet jusqu'à la greffe ; là il y aura
solution de continuité ; non seulement elle changera
de nature, mais elle s'interrompra brusquement, et
une autre couche tout à fait distincte et de la nature
de la greffe, sera superposée de manière à s'emparer
de ses sucs nourriciers sans qu'il y ait prolongement de la première, ni même le moindre entre-
croisement dans leurs fibres réciproques. Une greffe,
enfin, ne tient au sujet que par une espèce d'engre-
nage et un engluement particulier.

Nous concluons de tout ceci, que la sève du sujet
n'a aucune influence sur la forme, la saveur, la
couleur des fruits ; qu'elle ne peut modifier la nature de la greffe, et que le sujet n'influe sur elle que
par la quantité plus ou moins grande de nourriture
qu'il lui fournit ; ce qui peut s'estimer, à peu près,
sur la même échelle que les influences d'un terrain

sur la bouture qu'on y a placée, selon sa bonne ou mauvaise qualité (1).

(1) Quelques praticiens recommandables et des physiologistes soutiennent encore que le sujet a, dans des cas donnés, une influence sensible sur la greffe. Mais je trouve dans les écrits d'un arboriculteur distingué dont le nom fait autorité, M. Prévost de Rouen, un passage qui confirme singulièrement l'opinion de Noisette. Il dit, à l'occasion des assertions émises dans un sens opposé par plusieurs publications :

« Si les auteurs de ces publications avaient bien voulu se rappeler : 1º que les abricotiers, le prunier mirobolan, l'amandier, continuent à fleurir de très bonne heure, quoique greffés sur des pruniers francs qui fleurissent beaucoup plus tard ; 2º que le *cratægus glabra*, le *mespilus Japonica*, ne cessent point d'être couverts de feuilles en toutes saisons, quoique greffés sur le cognassier, qui perd toutes ses feuilles à la fin de chaque automne et n'en développe de nouvelles qu'au printemps; 3º que le fruit des bonnes variétés d'arbres cultivés dans les vergers et dans les jardins, ne participe en rien des mauvaises qualités des fruits des arbres sauvages sur lesquels ils sont greffés ; 4º que l'observation, d'accord avec la théorie, prouve que l'action du sujet sur la greffe est généralement ou nulle ou peu apparente, tandis que l'action de la greffe sur le sujet (sous le rapport de la vigueur, du développement et de la longévité), est considérable dans certaines espèces ou variétés. Si, dis-je, ces écrivains avaient voulu tenir compte de ces faits qu'ils ne peuvent ignorer, et de beaucoup d'autres de même nature, qu'il serait oiseux de rapporter ici, ils se seraient bien gardé de dire, même d'une manière dubitative, ce qu'ils ont avancé comme résultats positifs d'expériences complètes. »

R.

4° Les arbres dont la greffe a le plus d'effet sur le développement du fruit vivent beaucoup moins longtemps que les autres. La pomme venue sur paradis est la plus grosse, l'arbre ne vit que vingt-cinq ans au plus; celle venue sur doucin est souvent moins grosse et l'arbre plus vigoureux; celle venue sur franc est moins grosse encore, l'arbre vit jusqu'à cent vingt ans; celle produite par le sauvageon est la plus petite, et l'arbre vit deux cents ans.

5° Plus la greffe développe la grosseur du fruit, plus aussi elle arrête le développement général de l'arbre : et ce phénomène suit la même progression que la longévité.

On a cru que de certains arbres étrangers semblaient se soustraire aux principes généraux que nous venons d'établir; par exemple, on a cité les pavias rouges et jaunes qui, greffés sur le marronnier-d'Inde, vivent, dit-on, plus longtemps que ceux provenus de graines; le sorbier des oiseaux et celui de Laponie qui sont dans le même cas, etc.; mais il nous serait facile d'établir que, si ces faits sont vrais, ce sont de simples anomalies que l'on doit attribuer à des causes particulières, et nous pouvons affirmer que les individus provenus de semences sont toujours les plus vigoureux et les plus durables.

A présent cherchons à trouver les causes auxquelles on doit attribuer ces phénomènes. Il faudrait n'avoir jamais observé la nature pour n'avoir pas

remarqué une loi invariable à laquelle elle s'est
soumise : c'est de tout sacrifier, même les individus,
pour la conservation des espèces ; et cette loi s'applique à tous les êtres organisés. C'est en conséquence
de ce principe que l'on voit les animaux les plus gros
et les plus robustes, ceux qui par conséquent peuvent le plus facilement éviter les dangers, ou résister
aux accidents qui les détruiraient, ne produire que
peu de petits. Leur force individuelle suffit pour
conserver l'espèce ; il n'était donc pas nécessaire
d'en multiplier les individus. Mais lorsque des êtres
n'ont que la faiblesse en partage, sans cesse en butte
à tous les accidents, succombant au moindre choc,
l'espèce serait bientôt détruite si les individus n'é-
taient très nombreux. La baleine et l'éléphant ne
font qu'un petit, le hareng en produit par million ;
le papillon par centaine, et la souris en fait de cinq
à huit tous les mois.

Il en est à peu près de même dans les végétaux.
Ceux annuels, qui par conséquent sont les plus ha-
sardeux sous le rapport de leur conservation, sont
ceux qui généralement donnent un plus grand nombre de graines. C'est ainsi qu'un pavot en fournira
cent ou deux cents fois plus qu'un chêne ou un châtaignier ; encore ceux-ci peuvent être comptés parmi
les arbres qui multiplient leurs semences en plus
grand nombre ; et la raison en est que, ne se trouvant que dans le nord, ils ont à redouter la rigueur
des hivers que les arbres du midi n'ont point à crain-

dre. Aussi ces derniers sont-ils généralement moins féconds, quoique leurs fruits soient ordinairement plus gros.

Il suit de ce principe, que, la nature, ayant en vue la multiplication des espèces, et rien autre chose, a dû veiller aussi à ce que chaque individu se soit reproduit plusieurs fois avant sa destruction. Aussi voit-on que, lorsqu'un être quelconque, animal ou végétal, est altéré dans sa constitution, les principes organiques qui devaient, dans son état de santé, se distribuer dans toutes ses parties pour les entretenir dans leurs proportions et leur vigueur, prennent un autre cours et se concentrent pour ainsi dire sur les organes de la reproduction, afin d'assurer l'existence future des petits êtres qui remplaceront celui qu'elle abandonne à la mort. Cette loi générale s'étend jusque sur les hommes. Les naturalistes et les médecins ont remarqué que les personnes rachitiques, phthisiques, ou attaquées d'une maladie chronique ayant pour cause un vice d'organisation, sont celles qui ont le plus de propension à l'acte vénérien. Les animaux qui vivent depuis longtemps dans la domesticité sont les plus altérés dans leur nature, et aussi ceux qui se reproduisent en plus grand nombre. C'est surtout dans les végétaux que cette observation est frappante : un arbre est-il très vigoureux, il porte peu de fruit; mais, lorsqu'il a été mutilé par la taille, par l'amputation de quelques-unes de ses racines, par plusieurs transplantations, ou même par une blessure faite à son tronc ; lorsqu'on l'a soumis à l'incision annulaire, à l'arcure ; lorsqu'on l'a altéré enfin, la nature fait un effort ; elle semble appréhender la destruction de l'individu avant qu'il ait rempli le but qu'elle en attend, et elle le couvre de fleurs et de fruits.

On peut conclure de ceci un fait assez prouvé par l'expérience ; c'est que le nombre, la grosseur et souvent la qualité des fruits sont en raison inverse de la vigueur de l'individu qui les produit ; que, par conséquent, plus le sujet sera altéré dans son port, plus il se mettra à fruit. Cependant il ne faut pas que cette altération soit portée jusqu'à un commencement de désorganisation, car la nature épuisée ferait de vains efforts, l'arbre donnerait des fruits avortés et périrait promptement.

La greffe est une opération par laquelle on altère la constitution d'un arbre, en entravant la marche de la sève des racines aux branches ; plus l'arbre sera greffé, plus il sera altéré. Donc, selon le principe établi, la greffe doit augmenter la grosseur et le nombre des fruits. Ceci est d'autant plus vrai que l'on voit l'altération même du sujet sur lequel on greffe, influer déjà au moins sur leur volume. Suivons notre première comparaison : que l'on prenne, par exemple, deux greffes de pommier sur la même branche ; que l'on place la première sur paradis, la seconde sur franc ; on obtiendra de la première un arbre s'élevant rarement à la hauteur de quatre ou cinq pieds ; mais les fruits seront beaucoup plus gros,

La raison vient de ce que le paradis est une marcotte naturelle détachée du pied d'un arbre et déjà beaucoup altérée, fournissant par conséquent moins de sève. La seconde s'élèvera de vingt à trente pieds, et les fruits seront beaucoup moins gros que sur la précédente.

Pour réussir parfaitement dans l'opération de la greffe, il faut encore qu'il y ait entre les deux sujets d'autres analogies, mais beaucoup plus faciles à saisir. Si l'on greffait un individu robuste sur un sujet d'une croissance faible ou languissante, il en résulterait que les racines et le tronc au dessous de la greffe ne se trouveraient jamais en proportion avec la tête de l'arbre; les premières, trop grêles, ne l'attacheraient pas assez fortement à la terre, et laisseraient assez de prise aux vents pour l'arracher ou au moins l'ébranler fortement; le second, fluet et maigre, finirait, au bout d'un certain laps de temps, par ne plus pouvoir transmettre de nourriture aux branches, et l'arbre périrait. En outre l'endroit où la greffe serait attachée sur le sujet formerait un énorme bourrelet, qui bientôt deviendrait chancreux, présenterait un coup d'œil désagréable, et enfin entraînerait la perte du végétal. Il convient aussi de placer les variétés sur les sujets d'autres variétés que l'expérience nous a démontré leur convenir davantage, soit par leurs propres affinités, soit à cause de la qualité du terrain dans lequel on plantera. Par exemple, on greffera l'abricotier de Pro-

vence sur prunier venu de noyau, les albergiers sur
la pêche-amande, et l'abricot de Portugal sur le gros
damas. Dans un terrain sec et sablonneux on greffera les pêchers sur amandier ; dans les terres humi-
des on les greffera sur prunier ; et encore faudra-
t-il assortir les variétés des greffes avec les variétés
des sujets.

Nous venons de voir les effets généraux de la
greffe ; il nous reste à parler de ceux moins étudiés
qui tiennent plus particulièrement à la physiologie
végétale, mais qui sont cependant indispensables à
connaître, même au plus simple praticien.

1° La greffe, quel que soit le sujet sur lequel on la
place, comme nous l'avons dit, ne change point ou
change très peu le fruit et la grandeur de l'arbre.
Les formes, le port, la santé et les maladies per-
sistent sans aucune différence, à très peu d'exceptions près. Il n'est donc pas indifférent, quand on
veut multiplier une espèce ou une variété, par cet
ingénieux moyen, de choisir les greffes sur des sujets vigoureux, n'ayant aucun vice particulier, et
possédant toutes les qualités que l'on veut fixer
dans ses enfants. Par la même raison, si l'on veut
perpétuer une maladie ou une anomalie, comme par
exemple des panachures, des fleurs doubles, etc., on
le pourra par la greffe ; et l'on réussira d'autant
mieux, que l'on choisira le rameau sur lequel ces
accidents seront le mieux déterminés. Une observation essentielle, c'est que les maladies ne se perpé-

tuent par cette opération, que lorsqu'elles sont cons-
titutionnelles, c'est-à-dire, lorsqu'elles appartiennent à une modification d'organisation dont la cause
est presque toujours ignorée, et non à une lésion
accidentelle. La réussite sera certaine lorsque la
maladie sera générale ; mais, si elle ne modifie
qu'une partie de la plante, elle deviendra douteuse,
à moins qu'on ne soit certain d'avoir inséré un
gemme modifié. Supposons qu'il se trouve dans une
pépinière un sujet ayant développé deux branches,
dont l'une portera des fleurs simples, l'autre des
fleurs doubles, et qu'on veuille multiplier la variété
à fleurs doubles. Si, pour greffer, l'on prend indistinctement un bourgeon, même sur la branche à
fleurs doubles, il est possible qu'on le choisisse au
dessous de l'endroit où l'organisation est modifiée,
quand même ce serait le bourgeon le plus près
de l'anomalie, et l'opération serait manquée. Mais,
si l'on prend un bourgeon du même rameau, et placé
au dessus, la réussite est sûre.

Non seulement ces modifications se transmettent
par la greffe, mais encore celles qui sont dues à la
nature et à la vigueur des gemmes ; d'où il résulte
qu'il faudra, autant que possible, choisir les yeux à
greffer sur des rameaux sains, d'une grosseur proportionnée à l'espèce de greffe et à la grosseur du
sujet.

2° La greffe, par une réaction particulière sur le
sujet qui la reçoit, peut en modifier la nature jus-

qu'à un point qui n'est pas encore connu, faute d'expériences à ce sujet. D'après quelques faits que nous avons observés, il paraît que la greffe en écusson agit, sur le végétal qui la reçoit, de la même manière que l'inoculation sur les animaux. Il nous est arrivé plusieurs fois de greffer une variété panachée sur une espèce qui ne l'était pas; la greffe, après avoir poussé pendant quelque temps, périssait par un accident, ou était décollée entièrement, et le sujet qui l'avait reçue n'en avait pas moins contracté des panachures. Les maladies peuvent se perpétuer par cette espèce d'inoculation, mais nous ne croyons pas qu'il en soit de même pour les anomalies.

Avant d'entrer dans les détails relatifs aux différentes manières de greffer, nous devons décrire les instruments les plus nécessaires pour opérer, et indiquer les substances dont on se sert, soit pour maintenir les parties à leurs places, soit pour faciliter la cicatrisation de la plaie.

Il existe deux espèces de greffoir. 1° Le greffoir ordinaire; c'est une espèce de petit couteau, dont la lame, longue de 40 à 50 millimètres, est un peu arrondie sur le bout, du côté du tranchant. Le manche doit être en corne de cerf et raboteux, afin de se fixer plus facilement dans la main. Au talon est implantée une spatule en buis, en ivoire, en os, et quelquefois, mais à tort, en cuivre, formant un ovale, aplatie sur ses bords, mais non tranchante. Cet instrument est trop connu pour deman-

der une plus longue description ; seulement il doit
être tranchant comme un rasoir pour couper très
net, et la lame sera toujours tenue très propre. On
aura grand soin de l'essuyer toutes les fois que l'on
viendra de s'en servir sur un arbre d'une espèce,
pour l'employer sur un autre d'une espèce différente.
2° Le greffoir angulaire, que nous avons inventé et
fait figurer, *pl.* 6 *fig.* 7. Il consiste en une lame de
35 millimètres de longueur, creusée en gouttière
triangulaire *a*, dont l'extrémité plus large, tronquée,
est tranchante ; elle est fixée à vis dans un manche d'un décimètre de longueur, et un petit cou-
vercle ou étui *b*, en cuivre, sert à la défendre quand
on met l'instrument dans sa poche. La *fig.* 8 représente le même instrument, renversé pour entailler
plus commodément près de terre. La lame *a* est placée, par le moyen d'une vis, sur un pivot, tournant
sur un ressort, lorsqu'on l'enfonce. Cette mécanique
sert à replacer la lame perpendiculairement sur le
manche, pour pouvoir la recouvrir d'un étui, comme
nous l'avons représenté par des points. La *fig.* 7 est
réduite d'un quart, la *fig.* 8 est dessinée de grandeur
naturelle.

Les autres instruments se bornent à quelques
coins en bois, de diverses dimensions, pour placer
dans la fente faite à un fort sujet, et la tenir ouverte
pendant qu'on y enfonce la greffe ; et en un mar-
teau pour ouvrir cette fente en frappant sur
un instrument tranchant, quand on opère sur un

tronc d'arbre déjà parvenu à une certaine grosseur.

Les matières que l'on emploie le plus ordinairement pour faire les ligatures qui doivent maintenir
les parties en place jusqu'à ce qu'elles soient sou-
dées, sont : 1° la laine grossièrement filée et peu
tordue. Elle est très avantageuse, parce que son
élasticité lui permet de se relâcher à mesure que le
sujet prend de la croissance, ce qui empêche les
étranglements et les nodosités. Elle a encore l'avantage de prendre difficilement l'humidité, mais aussi,
lorsqu'elle en est imprégnée, elle la conserve longtemps. Cette substance nous paraît préférable à toutes celles employées jusqu'à ce jour ; 2° les lanières
d'écorce. Elles ont le défaut d'être difficiles à attacher, de se pourrir trop vite, et de ne pas se relâcher lorsque le sujet grossit ; 3° le chanvre, ne se
relâche jamais, et, par cette raison, produit presque
toujours des étranglements qui non seulement occa-
sionent des nodosités, mais nuisent même à la reprise de la greffe ; 4° les joncs, conservent trop l'humidité, pourrissent rapidement, et manquent de solidité ; 5° les osiers, fendus et trempés dans l'eau
pendant quelque temps pour les ramollir, sont employés pour les sujets très forts, et dont les écorces
sont peu délicates ; 6° la toile goudronnée : celle-ci
offre le précieux avantage de maintenir les parties,
et de les préserver de l'humidité et du contact des-
séchant de l'air atmosphérique ; comme elle n'est
point encore en usage, nous allons indiquer la ma-

nière de la préparer et de s'en servir : on prend de
la toile fine, on la coupe en rubans plus ou moins
larges, selon le besoin ; puis on fait fondre dans un
vase de terre deux parties de poix noire, une de suif
et une de cire, et on en couvre les rubans, mais
d'un côté seulement. Ainsi préparés, on peut les
conserver très longtemps ; quand on veut les employer, on les réchauffe simplement avec les mains
ou l'haleine, et on les applique avec la précaution de passer les doigts dessus à plusieurs reprises
pour les attacher à l'écorce du sujet greffé ; 7° enfin,
à défaut des substances que nous venons d'indiquer,
on peut employer avec plus ou moins d'avantages
tout ce qui peut servir à faire une ligature.

Quelquefois il n'est pas nécessaire de lier pour
maintenir la greffe sur le sujet, mais on doit toujours la garantir des influences atmosphériques et
particulièrement d'une humidité trop longtemps soutenue, occasionée par les pluies. On se sert alors de
la cire à greffer, ou de ce que les jardiniers appellent l'onguent de Saint-Fiacre. La première se compose de plusieurs manières : 1° on fait fondre, dans
un vase de terre, un mélange de poix-résine et de
cire jaune, en égale quantité ; 2° ou cinq huitièmes
de poix noire, un huitième de résine et un huitième
de cire jaune ; 3° ou 500 grammes de poix de Bourgogne, 125 grammes de poix noire, 66 grammes de
cire jaune, 66 grammes de résine, 16 grammes de
suif de mouton. Cette composition, employée dans

notre établissement et dans celui du Luxembourg,
est excellente : on fait fondre à très petit feu dans
une marmite de fonte, et on fait réchauffer sur un
fourneau portatif, pour s'en servir au besoin ; 4° ou
deux tiers de cire jaune et un tiers de suif ; 5° ou enfin un tiers de poix noire, un tiers de cire jaune et
un tiers de suif, auxquels on ajoute une quantité à
peu près égale de briques pulvérisées le plus fin
possible. Ce dernier moyen nous paraît très bon
aussi, parce que la poussière de briques donne de
la solidité en même temps qu'elle apporte de l'éco-
nomie. On se sert de la cire à greffer quand elle est
chauffée assez pour devenir liquide et s'étendre facilement sur l'écorce par le moyen d'un pinceau ;
mais il faut prendre garde qu'elle soit trop chaude,
car elle dessécherait les bords de l'écorce, et l'opération serait manquée. L'onguent de Saint-Fiacre
n'est rien autre chose qu'un mélange de terre glaise
et de fiente de vache. Dans les temps pluvieux, il a
le grave inconvénient de retenir une trop grande
abondance d'humidité et de pourrir la greffe ; dans
les saisons sèches, il a l'avantage de maintenir la
fraîcheur, et d'aider par conséquent à la reprise.
Enfin quelques personnes emploient simplement une
argile pure, lorsqu'elle a été assez battue pour ne
plus se crevasser en séchant. Chacune de ces méthodes est à préférer dans de certaines circonstances
particulières, mais celle qui offre le plus d'avantages généraux est l'emploi de la cire.

S'il arrivait que l'on eût à greffer dans un lieu éloigné des habitations, où par conséquent on n'aurait pas la commodité d'avoir du feu pour ramollir les différentes cires dont nous venons de donner la composition, on préparerait d'avance celle dont voici la recette : 500 grammes de cire jaune, 500 grammes de térébenthine grasse, 250 grammes de poix blanche ou de Bourgogne, et 125 grammes de suif de mouton. Quand la composition est fondue, bien mélangée et refroidie, on la pétrit en se mouillant les mains pour qu'elle ne s'y attache pas, et on la met en petits pains, que l'on emporte avec soi pour s'en servir au besoin. Il ne s'agit que de la pétrir de nouveau pour la ramollir et la rendre propre a s'attacher parfaitement sur les écorces où on l'applique.

Peu d'auteurs ont cherché à classer méthodiquement les différentes sortes de greffes, et un seul a réussi à donner des divisions vraiment analytiques ; nous voulons parler du professeur Thouin. Duhamel est le premier qui ait essayé : il les a divisées en cinq sections auxquelles il a donné les noms de greffes *par approche, en fente, en couronne, en flûte*, et *en écusson*. Ces sections n'ont aucuns caractères qui puissent les faire distinguer les unes des autres, par conséquent elles sont arbitraires et mauvaises ; mais c'est déjà beaucoup que d'avoir indiqué, aux auteurs qui devaient écrire après lui, la route méthodique qu'ils devaient suivr pour atteindre un but

2.

utile que lui-même a manqué. Rosier, venu après lui, aurait peut-être dû s'emparer de la conception de Duhamel, et la perfectionner; il n'a fait qu'ajouter une sixième section, tout aussi arbitraire, à laquelle il a donné le nom de greffes par *juxta-position*. Enfin M. Thouin inséra, dans les mémoires du Musée d'histoire naturelle, son classement analytique(1), le meilleur que l'on pourrait adopter, selon nous, dans un ouvrage qui serait moins pratique que celui-ci. Nous allons l'extraire textuellement de son excellent ouvrage, avant de donner le nôtre fondé sur des bases tout à fait différentes.

«Nous restreignons à trois sections, dit M. Thouin, le genre des greffes, et nous les nommons, savoir : la première, *greffes en approche ;* la deuxième, *greffes par scions ;* et la troisième, *greffes par gemmes.*

» La première réunit toutes les sortes de greffes qui s'effectuent au moyen de quelques-unes des parties des végétaux qui tiennent à leurs pieds enracinés.

» La deuxième rassemble toutes celles qui se pratiquent avec des parties ligneuses séparées d'un individu et transportées sur un autre.

» La troisième et dernière comprend toutes celles qui s'opèrent au moyen de gemma ou yeux, levés

(1) *Monographie des greffes,* ou description technique des diverses sortes de greffes employées pour la multiplication des végétaux.

avec la portion d'écorce qui les environne, sur un
végétal et posés sur un autre.

» Ces trois sections sont elles-mêmes divisées en
séries, lesquelles ont aussi des caractères secondaires
qui servent à les faire distinguer entre elles.

» Celles-ci se divisent en sortes avec des caractères particuliers qui les différencient les unes des autres.

» Enfin les diverses variétés et sous-variétés qu'offrent quelques-unes de ces sortes, sont distinguées
par des définitions particulières, et sont rangées à
la suite de leurs sortes principales.

» Les *greffes par approche* présentent cinq séries,
ou cinq groupes différents, en raison des diverses
parties des végétaux avec lesquelles on les effectue,
savoir :

» 1re série, greffes par approche sur tiges.

» 2e série, greffes par approche sur branches.

» 3e série, greffes par approche sur racines.

» 4e série, greffes par approche de fruits.

» 5e série, greffes par approche de feuilles et de
fleurs.

» Les *greffes par scions* s'effectuent avec de jeunes
pousses boiseuses, telles que bourgeons, ramilles,
rameaux, petites branches, et racines qu'on sépare
de leurs individus pour les placer sur un autre, afin
d'y vivre et d'y croître à ses dépens.

» Les sortes de greffes appartenant à cette section
étant nombreuses, on les a divisées en cinq séries,

en raison des parties des arbres avec lesquelles on les effectue, et des opérations qu'elles nécessitent.

» La première réunit celles connues sous la dénomination de greffes en fente, et qui se pratiquent ordinairement au moyen de jeunes pousses produites par la dernière sève.

» La seconde rassemble celles nommées habituellement greffes en couronnes, qu'on pratique presque toujours avec de jeunes rameaux produits par l'avant-dernière sève, et dont l'âge est de douze à dix-huit mois.

» La troisième comprend les greffes en bouts de branches, ou celles formées de rameaux garnis de leurs ramilles, de leurs feuilles, souvent de leurs boutons à fleurs, et quelquefois de leurs jeunes fruits.

» La quatrième renferme les greffes que l'on nomme de côté, qui s'effectuent sur les tiges, sans exiger l'amputation de la tête des individus sur lesquels on les pratique.

» La cinquième et dernière est composée des greffes de racines sur des parties aériennes des végétaux, et de celles de jeunes scions sur des souches de racines.

» Les *greffes par gemma* consistent en un œil, bouton ou gemma, porté sur une plaque d'écorce plus ou moins grande, et de différentes formes, transportée d'une place à une autre sur le même ou sur d'autres individus.

» Comme cette section offre une assez grande
quantité de sortes et de modes de greffes différents,
on l'a divisée en deux séries :

» La première comprend toutes les greffes en
écusson qui s'effectuent au moyen d'un gemma
isolé, ou de plusieurs réunis en un seul bouton

» La seconde rassemble toutes les greffes en flûte
et par juxta-position, qui peuvent réunir plusieurs
gemmas écartés les uns des autres, sur un même
tube d'écorce.»

Le lecteur peut voir, par cet extrait, avec quelle
précision et quelle justesse M. Thouin a créé des
divisions auxquelles se rapportent aisément les deux
cent deux greffes qu'il connaissait, celles qui lui
étaient inconnues, et même celles que l'on pourra
inventer par la suite. Si nous n'avons pas adopté sa
classification, c'est que nous avons voulu présenter
les espèces de greffes autant que possible dans l'ordre de leur usage. Notre intention étant de faire un
ouvrage utile, nous devons sacrifier toujours la marche théorique à celle pratique ; du reste, il sera facile de classer toutes nos greffes dans les divisions
de M. Thouin, et c'est dans ce but que nous avons
rapporté les caractères qu'il assigne à chacune de
ses principales divisions.

PREMIÈRE SECTION.

GREFFES DES ARBRES FRUITIERS.

PREMIÈRE DIVISION.

GREFFES DES ARBRES FRUITIERS EN GÉNÉRAL.

Lorsque l'on greffe un arbre fruitier, on se propose un ou plusieurs buts, mais qui ne peuvent être que ceux-ci : 1° multiplier une variété ou une espèce, en la plaçant sur une variété ou une espèce différente ; 2° placer plusieurs espèces ou variétés sur un seul sujet ; 3° rajeunir un arbre en tout ou en partie ; 4° réparer un défaut de forme dans son port ; 5° augmenter sa vigueur ; 6° obtenir des fruits sur un arbre très jeune ; 7° augmenter la qualité et la grosseur du fruit d'une manière particulière ; 8° réparer une blessure faite à l'écorce d'un arbre précieux ; 9° obtenir un grand nombre de fruits sur une seule souche.

Greffes pour multiplication des variétés

(I. GREFFES EN ÉCUSSON. On appelle écusson
une petite plaque d'écorce, imitant un écu ou bou-
clier, sur laquelle se trouve un gemme vulgairement appelé *œil* ou bouton. Plusieurs sortes de greffes, que nous allons décrire, ont tiré leur nom
générique de cette plaque, et s'exécutent selon les
mêmes principes généraux. Elles sont ordinairement employées sur les jeunes sujets, d'un à cinq
ans, et même davantage si leur écorce s'est conservée mince, lisse et saine; elles conviennent, non
seulement aux arbres fruitiers, mais encore à tous
les autres arbres, arbustes et arbrisseaux non résineux, dont l'écorce a les qualités que nous venons
d'indiquer.

Elles se font au printemps, lorsque la végétation
commence et que les arbres sont bien en sève;
ce qui se reconnaît à la grande facilité que l'on
trouve à détacher l'écorce du bois, ou pendant la
sève du mois d'août. La première attention que doit
avoir le jardinier, c'est de choisir avec réflexion le
rameau de l'arbre dont il veut multiplier la variété,
et sur lequel il doit lever l'écusson. Il faut que ce
rameau soit une pousse de l'année précédente, bien
aoûtée, et munie d'yeux parfaitement formés. Si l'on
craignait que les boutons ne fussent pas assez mûrs,
on pincerait l'extrémité de la branche pour arrêter

son accroissement, forcer la sève à se porter vers les yeux, et l'on retarderait sa coupe jusqu'à ce que la maturité fût parfaite. Quand le rameau est coupé, on retranche les feuilles, mais avec la précaution de laisser attachée au bois une portion du pétiole longue de quatre ou six millimètres; elle servira à tenir l'écusson avec deux doigts, lorsqu'il sera enlevé, et à le placer plus commodément dans l'incision préparée pour le recevoir : en outre, lorsqu'après être desséchée elle tombera de la greffe en s'en séparant net et sans effort, elle sera l'augure le plus favorable pour le succès de l'opération.

Si l'on ne doit pas greffer de suite et que l'on ait à conserver, pendant un jour ou deux, les rameaux coupés, on les piquera dans de la terre humide, et on les tiendra dans un lieu frais. Si on doit les garder plusieurs jours, il faut plus de précautions : on les enveloppe dans un linge ou de la mousse mouillés. Enfin, s'ils doivent voyager, on les pique dans une boule de terre grasse humide, on les enveloppe de mousse mouillée, et on les renferme dans une boîte de ferblanc. M. Thouin recommande, pour un voyage de quatre ou cinq jours, de les piquer dans un concombre ou dans un autre fruit aqueux; et, pour des distances plus éloignées, de les mettre dans un bain de miel : mais ces précautions nous paraissent surabondantes et même hasardeuses.

Si l'on doit greffer de suite, on peut enlever les écussons et les jeter à mesure dans un vase d'eau, afin d'empêcher l'air et la chaleur de les dessécher : du moins cette méthode est employée par quelques jardiniers. Mais le plus sûr est d'y plonger seulement les rameaux, et de les en retirer les uns après les autres. et à mesure qu'on en a besoin pour lever les écussons et les placer de suite dans leur incision. Celle-ci se fait en coupant l'écorce du sujet depuis l'épiderme jusqu'à l'aubier, d'abord par une entaille transversale, puis par une autre longitudinale qui commence vers le milieu de la première et se prolonge, en descendant ou en montant, dans une longueur proportionnée à celle de l'écusson, de manière à former la figure d'un T droit ou renversé.

Pour placer l'écusson, on écarte, en commençant par le haut. avec la spatule ou lame d'ivoire du greffoir, les deux lèvres de l'incision, et on soulève l'écorce avec la plus grande attention de ne pas la déchirer ni la blesser. L'écusson. que l'on avait placé entre ses lèvres pour avoir les mains libres. est saisi par le pétiole et glissé sous l'écorce : on fait coïncider parfaitement le liber de sa partie coupée transversalement, avec le liber de l'incision transversale du sujet; puis on rapproche par dessus les lèvres de l'écorce du sujet, de manière à ce qu'il n'y ait aucun vide entre les parties, par lequel des corps étrangers pourraient s'introduire. On fait la ligature en enveloppant le tout, excepté le bouton, de plusieurs tours de laine ou de chanvre ; on ne serre pas trop pour ne pas blesser l'écorce en la comprimant, et l'opération se termine là. Il ne reste plus qu'à visiter quelquefois les greffes pour s'assurer que la ligature ne forme pas des étranglements ou des bourrelets; et, si cela arrive, on les défait sur-le-champ pour les refaire moins serrées. Au bout de quinze jours ou un mois la réunion des écorces est opérée, et la greffe est reprise.

Nous allons énumérer et décrire les greffes en écusson le plus ordinairement employées à la multiplication des espèces ou variétés de fruit.)

Nota. Toutes les greffes marquées d'un astérisque * sont employées dans la pratique journalière; celles marquées de deux ** le sont plus généralement.

1°** *Greffe en écusson boisé*. Greffe Lenormand, de Thouin. *Pl.* 1re, *fig.* 3.

c, l'incision; *a*, l'incision ouverte; *b*, l'écusson (1).

(†) Nous avons fait figurer toutes les espèces de greffes que nous connaissons, et nous avons rapporté à la *Synonymie* de M. Thouin toutes celles qui étaient connues par ce savant professeur. Cependant nous devons avertir nos lecteurs qu'ils trouveront quelquefois des différences de coupes, s'ils comparent nos figures à celles citées par cet homme respectable; en voici la raison : M. Thouin, en rédigeant sa *Monographie des greffes*, écrivait plutôt l'histoire de l'art, qu'il ne voulait en enseigner la nouvelle application à la pratique actuelle. Il lui a donc fallu citer les figures des auteurs sans se permettre d'y faire de changements. Notre but étant différent du sien, nous avons cru

On lève un écusson sur un rameau. Pour cela on
fait, au dessus d'un œil sain et vigoureux, une incision transversale et profonde ; puis, en reportant la
lame du greffoir un peu plus haut que cette entaille,
on enlève une lanière de 8 à 10 millimètres de
largeur, sur 25 ou 40 millimètres de longueur ; on
la termine en pointe par le bas, et la première
incision fait qu'elle se trouve coupée transversalement dans le haut. Il faut que l'œil se trouve
placé à peu près vers le tiers supérieur, et que les
stipules ou autres membranes accompagnant quelquefois le pétiole que l'on a laissé, les aiguillons ou
autres appendices, soient ôtés avec précaution. Avec
la pointe du greffoir on enlève le bois de l'écusson,
en en laissant une légère lame dans le tiers de son
étendue. On insère cet écusson sur le sujet, et on
fait la ligature comme nous l'avons dit plus haut.

Cette greffe convient à tous les arbres fruitiers à
pepins et à noyaux, ainsi qu'au plus grand nombre
des arbres forestiers et d'agrément ; aussi est-elle la
plus généralement employée dans les environs de
Paris.

2° ** *Greffe en écusson à œil poussant.* Greffe
Jouette. de Thouin. *Pl.* 1re, *fig.* 3.

   a, incision du sujet ; *b,* l'écusson.

devoir figurer nos greffes telles qu'elles sont employées
dans la pratique actuelle, soit dans notre établissement,
soit chez d'autres horticulteurs, sans nous embarrasser
beaucoup des figures des anciens auteurs.

L'écusson se taille et se pose de la même manière que pour la précédente; mais, aussitôt qu'il est placé, on coupe la tête du sujet, et l'on abat journellement tous les bourgeons qui croissent sur la tige.

Cette greffe, faite au printemps, offre un véritable avantage, celui de forcer le bouton inséré à se développer de suite, et par conséquent de hâter la jouissance d'une année; cependant il arrive quelquefois que, si la greffe ne reprend pas, la sève, ne trouvant pas à se faire jour, fait périr le sujet de plénitude, au moins dans une grande partie de sa longueur. Faite au mois d'août, il est rare qu'elle réussisse, parce que la jeune pousse de l'écusson, n'ayant pas le temps de s'aoûter, périt par la gelée et entraîne assez souvent le sujet dans sa ruine.

3° ** *Greffe en écusson à œil dormant.* Greffe Vitry, de Thouin. *Pl.* 1re, *fig.* 3.

a, l'incision du sujet; b, l'écusson.

Elle se fait comme les précédentes, mais à l'époque de la sève d'août, et l'on ne retranche rien au sujet qu'au printemps suivant, afin d'empêcher le développement du bouton avant cette saison.

En retardant la jouissance d'une année, cette greffe l'assure davantage. Elle a encore le mérite de ne pas nuire au sujet si elle ne reprend pas. Les habitants de Vitry, qui font le plus grand commerce d'arbres fruitiers, aux environs de Paris, l'emploient presque exclusivement. C'est aussi celle qui paraît le mieux convenir à la multiplication du pêcher.

4° *Greffe en écusson à rebours.* Greffe Knoop, de Thouin. *Pl.* 1re. *fig.* 5.

a, incision renversée; b, l'écusson taillé à rebours.

On lève l'écusson de manière à ce que la pointe de l'œil, lorsqu'il sera placé sur le sujet, se trouve renversée et regardant la terre, soit que l'incision du sujet soit faite à la manière ordinaire, ou en T renversé (⊥).

Par cette méthode on oblige les bourgeons à croître dans une direction opposée à celle qu'ils devaient avoir naturellement; mais ils se redressent bientôt aussi, et le but qu'on attendait de cette greffe, celui d'augmenter la grosseur des fruits en entravant la marche de la sève, a-t-il été manqué ou à peu près.

(II. GREFFES EN FENTE. Elles se font avec des rameaux ou jeunes pousses de la dernière sève, bien aoûtés, ayant depuis un jusqu'à six ou sept yeux. On coupe un de ces rameaux, dans le bas, en forme de lame de couteau, revêtue de son écorce du côté où l'on a conservé de l'épaisseur, ou en biseau avec de l'écorce des deux côtés. On coupe la tête du sujet, on unit la plaie, et on y pratique des fentes latérales que l'on descend droit, à une longueur plus ou moins considérable. Avec la pointe de la serpette, ou un coin de bois, on tient cette fente

entr'ouverte, pendant qu'on y introduit le biseau de
la greffe. Il faut, pour assurer la reprise, que, sans
égard pour la partie extérieure de l'écorce, on fasse
coïncider le liber du rameau et celui du sujet de la
manière le plus exacte.

Il ne reste plus qu'à faire une ligature pour empêcher les fentes du sujet de laisser échapper les
greffes en s'écartant, et à recouvrir la plaie avec la
cire à greffer, ou l'onguent de Saint-Fiacre. Quand
on se sert de cette dernière composition, on l'enveloppe d'un morceau de toile ou de canevas, lié par
dessous, pour empêcher les eaux de pluie d'entraî-
ner ou au moins de dégrader cet appareil; et dans
ce cas on donne quelquefois à cette greffe le nom de
poupée.

La greffe en fente se pratique au printemps, dans
les premiers instants où la sève commence à paraître. Elle s'emploie pour tous les fruits à pepins, pour
une grande partie de ceux à noyaux, baies, etc. On
s'en sert le plus ordinairement pour former des arbres à hautes tiges.)

5. ** *Greffe en fente simple.* Greffe Atticus, de
Thouin. *Pl.* 2, *fig.* 1.

a, sujet fendu pour recevoir la greffe ; b, b, rameaux taillés en biseau d, ou en biseau avec retraite c, c; e, ra
meau ajusté dans la fente.

On prépare un jeune rameau d'un diamètre plus
petit que celui du sujet, en y laissant deux ou trois

boutons, et en le taillant à trois ou quatre lignes au-
dessous du dernier œil ; on coupe ensuite la tige du
sujet, soit au collet de la racine, soit à différentes
hauteurs, jusqu'à celle de huit pieds ; on la fend
dans le milieu de son diamètre, et on y insère la
greffe avec les précautions indiquées plus haut.

Cette greffe, étant une des plus faciles et des plus
sûres, est généralement répandue, surtout dans les
provinces. Elle réussit parfaitement sur les arbres à
pepins ; moins bien sur ceux à noyaux, si l'on en ex-
cepte les cerisiers et quelques pruniers. Elle est propre aux arbres dont les greffes doivent être enter-
rées, et à ceux que l'on veut élever à haute tige pour
former des vergers. On l'emploie aussi pour beaucoup d'arbrisseaux et d'arbustes d'ornement, parce
qu'elle offre le précieux avantage de fleurir et de
former une jolie tête dans le courant d'une année.
Les rosiers greffés en fente simple fleurissent presque toujours la même année et souvent le même
printemps. Mais les amateurs, qui tiennent plus à
posséder un arbre robuste et d'une belle venue qu'à
une jouissance prématurée, ont le soin d'enlever le
bouton à fleurs, aussitôt qu'il paraît, soit d'un rosier, d'un arbrisseau d'agrément, ou d'un arbre à
fruit ; la sève, qui se serait portée sur les organes de
la floraison et de la fructification, profite aux branches et aux rameaux.

6.* *Greffe en fente Ferrari.* Thouin. *Pl. 2, fig. 3.*
On prend un jeune rameau exactement de la

même grosseur que la tige du sujet ; on le taille en biseau des deux côtés, ou plutôt en bec de hautbois, avec la précaution de conserver l'écorce de chaque côté comme on l'a conservée sur un seul dans la précédente. On coupe le sujet et on le fend dans le milieu de son diamètre ; puis on y insère la greffe avec la précaution de faire parfaitement coïncider, des deux côtés, les écorces du rameau et du sujet.

Cette manière de greffer, très employée dans l'Italie, et particulièrement à Gênes, convient très bien aux jeunes sujets d'arbres fruitiers, ainsi qu'à plusieurs arbrisseaux d'ornement, tels que les jasmins des Açores, d'Espagne, d'Arabie, etc. Elle hâte la fructification des premiers, la floraison des autres, et n'a pas l'inconvénient d'occasioner aussi souvent des bourrelets désagréables ; mais les arbres sur lesquels on l'emploie prennent moins d'accroissement et durent moins longtemps.

7. * *Greffe en fente latérale, à un rameau. Pl. 2, fig. 1.*

Elle se fait comme la précédente, excepté que, la moelle du sujet devant rester intacte, la fente, au lieu de couper le sujet positivement dans le milieu de son diamètre, le coupe à peu près vers le tiers de son épaisseur, de manière à passer à côté de la moelle sans l'endommager.

Du reste, elle est employée aux mêmes usages que la précédente, et convient parfaitement aux jeunes arbres fruitiers ou d'ornement, dont la moelle épaisse et spongieuse a besoin d'être ménagée.

8. ** *Greffe en fente à deux rameaux.* Greffe Palladius, de Thouin. *Pl.* 2, *fig.* 7.

On prépare, comme pour la greffe en fente simple, n° 5, fig. 1, pl. 2, deux rameaux au lieu d'un ; puis on fend la tige du sujet dans le milieu de son diamètre, et on insère les deux rameaux à l'opposé l'un de l'autre, c'est-à-dire, sur les deux bords extérieurs de la fente, de manière à occuper chacun la demi-circonférence de la coupe du sujet.

Cette greffe se pratique sur des sujets dont la tige offre déjà la grosseur de 27 millimètres de diamètre, ou même considérablement davantage. La chance de succès est doublée, par la raison qu'il est rare que les deux greffes périssent, s'il n'y a pas de cause particulière pour que cela arrive. On peut, si on le désire, placer sur le même arbre deux variétés différentes de fruits ou de fleurs. Cette manière de greffer est aussi généralement employée que la greffe en fente simple.

9. * *Greffe en fente latérale à deux rameaux.*

Comme la précédente, à cette différence près, que la fente du sujet se fait un peu latéralement pour ménager la moelle.

Du reste, elle sert aux mêmes usages que la précédente, et n'en est qu'une modification.

10. ** *Greffe en fente à quatre rameaux.* Greffe La Quintinie, de Thouin. *Pl.* 2 *fig.* 8.

3

On prépare quatre rameaux de la même manière
que pour les précédentes, puis on fait sur la coupe
du sujet deux fentes qui se croisent au milieu de son
diamètre et le partagent en quatre parties égales ;
on prolonge les deux fentes, en descendant, de 27 à
80 millimètres de longueur, et on y introduit les
quatre rameaux ; après quoi on enveloppe le tout
d'une poupée.

Elle est précieuse pour greffer de vieux arbres
dont on veut changer la tête en une espèce ou variété plus agréable ou plus utile. Elle quadruple les
chances de succès, et, mieux que les précédentes,
fournit en peu de temps une tête bien garnie. Elle
peut encore servir à faire porter plusieurs espèces
sur le même individu. On conçoit qu'elle n'est exé-
cutable que sur des sujets ou des branches parvenues à une certaine grosseur.

(III. GREFFES EN FENTE PAR RACINES ET SUR
RACINES. Celles-ci se font de plusieurs manières ;
tantôt ce sont des rameaux que l'on greffe sur des
racines laissées en place ; quelquefois ce sont des
racines séparées de leurs souches que l'on greffe sur
des tiges ou des branches ; ou enfin ce sont des racines d'arbres différents que l'on greffe les unes sur les
autres.

Elles se font au commencement de la sève du
printemps, et de la même manière que les autres
greffes en fentes. Quoique peu en usage, elles méri-
teraient peut-être de l'être, parce que plusieurs espè-

ces de végétaux s'en accommodent très bien. Outre
cela elles perfectionneraient sans doute les fruits,
parce qu'elles entravent davantage la sève dans
sa marche, et doivent par conséquent la forcer à se
porter plus particulièrement aux organes de la fructification. Mais, pour parvenir à ce but, il faudrait
que l'opération fût double. Par exemple, on grefferait une tige d'espèce différente sur les racines d'un
individu ; puis, lorsque cette tige serait assez forte,
on la grefferait à son tour en y plaçant une autre
variété.)

11. *Greffe en fente sur le collet d'une racine.*
Greffe Guettard, de Thouin. *Pl.* 2, *fig.* 10.

On prépare un ou plusieurs rameaux comme pour
les autres greffes en fente ; puis on coupe le sujet
sur le collet de la racine, on y fait une ou plusieurs
fentes, dans lesquelles on place les rameaux à la manière ordinaire. On peut encore se contenter de faire
des incisions à l'écorce comme pour la greffe en couronne.

Lorsqu'un sujet fort, et en place, a une tige con-
trefaite, malade, ou enfin sur laquelle on ne peut
placer des greffes pour quelque autre raison, loin
de l'arracher, comme on fait assez ordinairement,
on doit profiter de sa racine vigoureuse pour greffer
dessus, et obtenir en fort peu de temps un arbre robuste et d'une très belle venue. Si un accident brise
un arbre rez terre, c'est encore le cas d'employer
cette greffe.

(IV. GREFFES PAR APPROCHE. Les greffes par approche ont quelque analogie avec les marcottes ; comme elles, elles se nourrissent des racines de leur mère jusqu'à ce qu'elles soient reprises de manière à pouvoir s'en passer. Elles conviennent très bien aux jeunes arbres, et même à ceux qui ont atteint le quart, le tiers, ou la moitié de leur grosseur. Elles s'effectuent dans toutes les saisons, pourvu qu'il ne fasse pas une chaleur excessive, ou qu'il ne gèle pas; mais le temps le plus favorable pour leur assurer une prompte reprise est pendant le mouvement de la sève. surtout dans son commencement.

Ces greffes ne sont rien autre chose qu'une soudure de deux parties du même végétal, ou de deux végétaux différents, dont la nature nous offre assez souvent des exemples. Pour opérer, on pratique à la partie que l'on veut greffer, une plaie bien nette et proportionnée à sa grosseur : on fait au sujet une plaie semblable et correspondante ; puis on les réunit de manière à ce qu'elles se recouvrent réciproquement, que les libers de la greffe et du sujet se trouvent en contact sur le plus grand nombre de points possible, et qu'il n'y ait aucun vide entre deux. On fixe les parties par des ligatures solides, et on les maintient au moyen de forts tuteurs, afin d'empêcher tout mouvement qui pourrait les faire disjoindre. Enfin on les préserve du contact de l'air, de l'eau et même de la lumière, en les recouvrant d'un emplâtre d'onguent de Saint-Fiacre lorsqu'elles sont faites sur des sujets gros et robustes, ou d'une épaisse couche de cire à greffer si elles sont délicates.

Comme dans les autres greffes qui exigent une ligature, il faut veiller avec attention aux nodosités ou aux étranglements qui pourraient s'y former, et défaire la ligature pour la refaire moins serrée si on en apercevait. Cette opération, si on la fait avant que la greffe soit séparée de dessus son pied, demande beaucoup de précautions ; car les tiges, que l'on a courbées pour les rapprocher, feront ressort ; et, si on n'y prend garde, elles se décolleront et déferont la greffe pour reprendre leur position naturelle.

Lorsque la soudure est solidement opérée, il s'agit de sevrer la greffe en la détachant de la branche ou de la tige qui l'a fournie. Si on la coupait tout d'un coup, on courrait la chance de la perdre, parce que la sève du sujet ne s'y porterait pas encore avec assez d'abondance pour la nourrir entièrement ; on commence donc par une petite entaille faite au dessous, et de temps à autre on l'agrandit, jusqu'à ce qu'enfin on coupe tout à fait. Alors on rapproche la plaie de la greffe, en enlevant le talon qu'elle forme à sa base ; on unit la plaie le plus près possible de la soudure, et l'opération se borne là.

(La greffe par approche sur tige s'effectue sur des tiges ou des troncs de différentes grosseurs.)

12. * *Greffe par approche en langue.* Greffe Bradeley, de Thouin. *Pl. 4, fig. 5.*

a, tige à greffer ; *d*, son esquille enfoncée dans la fente du sujet ; *b*, le sujet ; *c*, l'esquille, formée par la coupe de l'écorce, enfoncée entre l'esquille et la plaie de la tige à greffer.

On coupe la tête d'un jeune sujet ; on fend l'aire de la coupe comme pour exécuter une greffe en fente, puis on enlève un morceau d'écorce sur un des côtés, comme pour une greffe ordinaire en approche. Cela fait, on prend la branche ou la tige à greffer, on y établit une esquille, et on enlève au dessous une plaque d'écorce de la même dimension que celle ôtée au sujet ; puis on enfonce l'esquille dans la fente du sujet, on unit les plaies, et l'on termine par une ligature.

Très bonne pour les arbres à bois dur, et surtout très solide.

(V. GREFFES PAR APPROCHE SUR BRANCHE. Elles diffèrent de la précédente en ce que, au lieu de souder les arbres par leurs tiges ou par leurs troncs, elles s'opèrent en greffant une branche ou un rameau à un tronc, une tige, ou une branche. Elles sont plus faciles, plus sûres, que celles sur tiges, et fournissent davantage à la multiplication.)

13. ** *Greffe ordinaire par approche.* Greffe Agricola, de Thouin. *Pl.* 4, *fig.* 9.

a, a, le sujet et la greffe ; *b*, jonction.

Elle consiste à rapprocher une branche de la variété que l'on veut greffer, contre une branche ou la

tige du sujet. On les entaille l'une et l'autre longitudinalement jusqu'à l'étui médullaire ou un peu
moins, et l'on unit les deux plaies comme nous l'a-
vons dit.

C'est particulièrement pour cette espèce de greffe,
que le greffoir angulaire, de notre invention, rend
un véritable service au cultivateur, en facilitant
beaucoup la réunion des libers par la justesse qu'il
permet de mettre dans les deux entailles. Il fait gagner beaucoup de temps et assure la reprise. La
greffe ordinaire par approche est très employée pour
multiplier toutes les espèces et variétés délicates
d'arbres, d'arbrisseaux et d'arbustes, sur lesquelles
les greffes en fente et en écusson reprennent difficilement. Elle s'emploie le plus ordinairement sur
celles dont l'écorce est mince, le bois dur, et les gemmes sans enveloppe écailleuse.

14. * *Greffe par approche en entaille.* Greffe Cabanis, de Thouin.

Elle se fait comme la précédente, à cette différence, que l'on pratique une simple entaille qui doit
pénétrer jusqu'à la moelle du sujet. Du reste, elle
s'emploie aux mêmes usages.

*Greffes pour obtenir différents fruits sur le même
pied.*

Il arrive assez souvent que, soit comme objet
d'expérience, soit comme objet de curiosité, l'on
veut avoir des fruits d'espèces différentes sur un

seul individu. Pour s'assurer une réussite satisfai-
sante, il ne faut pas prendre indistinctement les premières variétés venues : il faut au contraire mettre
beaucoup de discernement dans son choix, afin d'é-
tablir dans les diverses greffes un équilibre de séve
sans lequel les plus vigoureuses auraient bientôt
étouffé les autres. Si l'on avait placé, par exemple,
un bigarreautier et un griottier-nain sur le même
sujet, ou un pommier de calville et un pommier
d'apis sur un franc, il n'y a pas de doute que le bigarreautier et le calville, malgré toutes les précautions que l'on prendrait à la taille, auraient bientôt affamé les deux autres en s'emparant de toute la
séve, et les feraient promptement périr. Il faut
encore choisir le sujet sur lequel on doit opérer, et
donner la préférence à celui dont la vigueur sera en
harmonie avec la force de végétation des greffes que
l'on y placera. Du reste, malgré les soins que l'on
prendra en taillant, malgré la précaution de ne soumettre à cette opération que des arbres propres à la
taille, on ne doit jamais attendre un produit de longue durée, surtout lorsque l'on aura placé plus de
deux espèces. Un autre inconvénient grave, c'est
que, chaque variété d'arbre fruitier affectant un
port particulier, et ne poussant pas ses bourgeons
sur le même angle d'inclinaison, il est presque impossible de soumettre ces individus hétérogènes à
une forme régulière.

On peut employer, pour arriver à ce but, toutes

les manières de greffer qui permettent de placer plusieurs écussons, ou rameaux, sur le même sujet: mais il en est quelques unes plus particulièrement destinées à cet usage.

15. *Greffe en écusson au bout des branches.* Greffe Jansein, de Thouin.

Elle se fait en écusson à œil poussant ou dormant, et se pratique sur des bouts de branche dont l'écorce est encore lisse et verte. Si on l'effectue au mois de mai, on coupe l'extrémité des branches aussitôt l'opération faite, mais cependant avec la précaution de laisser, pendant quelque temps, un œil à bois un peu au-dessus, afin d'y attirer la sève, ou au moins d'empêcher qu'elle abandonne le bout de branche, et par conséquent l'écusson, pour se retirer sur des bourgeons inférieurs. Si l'on a greffé au mois d'août en rabattant les bouts de branche l'année suivante, cette méthode n'est pas nécessaire, parce que, la soudure étant parfaitement opérée, le bourgeon de la greffe se développe en même temps que les autres, et suffit pour maintenir l'équilibre de la sève.

On emploie ce procédé pour toutes les espèces d'arbres fruitiers.

16. *Greffe en fente au bout des branches.*

Elle s'exécute à la même époque et de la même manière que la greffe en fente ordinaire, mais avec la précaution de ne laisser aucun bourgeon au dessous des greffes.

On s'en sert plus ordinairement pour se procurer des prunes ou des cerises de diverses formes et couleurs, et mûrissant à des époques différentes.

17. *Greffe en approche par compression. Pl. 5, fig. 1.*

On plante dans le même trou plusieurs sujets d'espèces différentes et de même hauteur; on les espace le moins possible, afin, lorsque la reprise est certaine, de les réunir en un seul faisceau, que l'on maintient au moyen d'un fourreau d'écorce fraîche de tilleul, ou de toute autre matière. A mesure que les sujets croissent, leurs tiges se compriment et se soudent en un seul tronc.

Les anciens et Olivier de Serres entre autres, croyaient que, les sèves se mêlant, il en résultait des fruits métis, participant de la nature de tous, sans appartenir plus spécialement à celle de l'un qu'à celle de l'autre. Mais on est revenu de cette erreur; chaque espèce conserve sa tige et ses racines particulières, et fournit les fruits qui lui sont propres.

18. *Greffe en approche, en spirale.* Greffe Diane, de Thouin. *Pl. 5, fig. 3.*

Comme pour la précédente, on plante dans le même trou plusieurs sujets d'espèces différentes, de même âge, de même hauteur, et, autant que possible, de même force. Lorsqu'ils sont parfaitement repris, et surtout bien enracinés, on contourne leurs tiges les unes sur les autres, à peu près comme les

brins d'une grosse corde, suivant la marche du soleil, c'est-à-dire, du levant au couchant, et à la hauteur de sept ou huit pieds, plus ou moins.

Les tiges se soudent et ne forment plus qu'un seul
tronc, imitant une colonne torse. La tête offre le
coup d'œil le plus varié dans son feuillage, ses
fleurs et ses fruits, et peut, par la suite, fournir un
bois tortillard extrêmement fort.

Greffes pour multiplier en franc de pied.

Si l'on tenait à se procurer des variétés sur francs,
on pourrait employer les marcottes et boutures pour
de certains sujets ; mais, comme ce genre de multiplication est toujours long, et souvent difficile, on
peut se servir de la greffe avec beaucoup plus d'a-
vantage.

(VI. GREFFES EN COURONNE. Ce sont des greffes en fente, mais qui diffèrent de celles ordinaires
par quelques particularités. 1° On les fait avec des
rameaux de l'avant-dernière sève et même quelquefois avec du bois de dix-huit mois. 2° Elles se pla-
cent sur des sujets qui ne sont pas fendus dans tout
leur diamètre, et dont le cœur surtout n'est pas at-
taqué.

Elles servent principalement à greffer de vieux
arbres fruitiers de la division de ceux à pepins, dont
les tiges ou les branches sont trop grosses pour être
écussonnées ou pour recevoir la greffe en fente or-

dinaire. On les emploie aussi sur les jeunes sujets dont l'écorce est mince et le bois très dur.)

19. * *Greffe en petite couronne.* Greffe Liébault, de Thouin.

On déterre un arbre jusque sur ses racines, et on le coupe. Avec de petits coins en bois on soulève l'écorce, et l'on place entre elle et le bois autant de rameaux, taillés comme pour la greffe en fente, qu'on peut en faire tenir. On recouvre de terre, avec la précaution de ne laisser sortir au dessus de la surface du sol que le tiers, ou à peu près, de la longueur des greffes. Elles poussent avec beaucoup de vigueur, et on supprime les bourgeons latéraux à mesure qu'ils croissent. Au bout de trois ans on les déterre, et on enlève celles qui sont enracinées. On marcotte les autres, et, par le moyen de la strangulation, on leur fait émettre très facilement des racines.

Les sujets francs, obtenus par cette méthode, forment de très bonnes mères marcottes qui pendant fort longtemps fournissent, par rejetons, de jeunes individus francs de pied.

(VII. GREFFES DE CÔTÉ. Ces greffes sont distinguées des autres greffes par scions, en ce qu'elles n'exigent pas l'amputation de la tête du sujet, et que, comme la greffe en approche, elles se font sur le côté de sa tige. Elles diffèrent aussi des greffes en approche, en ce que le rameau à greffer est détaché de dessus sa mère. On les emploie plus ordi-

nairement pour remplacer une branche manquante
que pour multiplier des variétés, et elles sont d'une
reprise beaucoup plus rare que les autres, quoiqu'elles soient assez faciles à exécuter. On doit rigoureusement les faire au premier mouvement de
la sève du printemps, avant que les boutons aient
commencé à se développer.)

20 * *Greffe par approche en bouture.* Greffe Pepin,
de Thouin. *Pl.* 5, *fig.* 6.

   a, la bouture plantée dans un pot ; *b, c,* coupe.

On coupe un rameau d'une longueur suffisante
pour faire une bouture, et on le plante auprès du
sujet. On le greffe en approche aux trois quarts de
sa hauteur, et on le rogne à trois yeux au dessus de
son union avec le sujet. L'humidité de la terre en-
tretient la vie dans la greffe jusqu'à ce qu'elle soit
soudée ; et, lorsqu'elle est reprise, le sujet fournit
de la sève au rameau jusqu'à ce qu'il ait pris racine.

Il en résulte qu'en coupant le rameau au dessous
de la soudure, on a un sujet franc de pied, et que le
sujet, sauvageon avant l'opération, se trouve changé
en un individu de bonne espèce ; et l'on possède
deux arbres au lieu d'un.

Greffe pour obtenir du fruit sur de jeunes arbres.

On peut forcer, par différents moyens, un très
jeune arbre à donner du fruit, mais presque toujours

c'est aux dépens de sa durée. Cependant la greffe
que nous indiquons ici ne l'altère que jusqu'à un
certain point; et, lorsqu'il est taillé avec discernement, il peut continuer à fructifier pendant plusieurs année.

21. *Greffe de côté, insérée en manière d'écusson.*
Greffe Girardin, de Thouin. *Pl. 3. fig. 8.*

a, biseau de la greffe; *c*, incision du sujet; *b* insertion de
la greffe.

On choisit un rameau portant des boutons à
fruits, et l'on coupe sa base en biseau prolongé. On
fait sur le sujet une incision en forme de T, comme
pour placer un écusson; on soulève l'écorce avec
la spatule du greffoir, et on y introduit le biseau de
la greffe. Puis on fait une ligature de la même manière que pour la précédente. Cette greffe en scion
appartient à la série de celles *de côté* (1).

(1) C'est cette greffe que M. Luyset, habile arboriculteur à Écully, près Lyon, met en pratique depuis six ans,
avec quelques modifications. Il l'exécute d'août en septembre et en obtient de bons résultats. Quelques autres
pépiniéristes, et notamment M. Baltet frère, à Troyes, la
pratiquent en diverses saisons. Cette greffe a l'avantage de
donner l'année suivante des fruits qu'on n'aurait pas eu
sans elle. Elle convient particulièrement au poirier. Les
variétés sur lesquelles elle paraît le mieux réussir sont les
poires William, Louis-Bonne-d'Avranches, Duchesse-
d'Angoulème, Colmar-d'Aremberg, Van-Mons, Orpheline-
d'Enghien, Soldat-Laboureur, etc. Il est possible d'en es-

Greffe pour augmenter la qualité des fruits.

Des auteurs accrédités, tels qu'Olivier de Serres, Miller, Duhamel, Rozier, etc., ont cru qu'il ne s'agissait que de placer plusieurs greffes les unes sur les autres, pour hâter la fructification d'un arbre, augmenter beaucoup le volume et la saveur des fruits, ainsi que hâter l'époque de leur maturité. La plupart des cultivateurs de nos jours sont encore imbus de cette croyance, qui devient une erreur si on lui donne la même extension que les anciens. Dans notre Théorie des greffes, nous avons dit que plus un arbre était altéré, plus son fruit gagnait en qualité, et c'est par l'abus de ce principe vrai, que l'on a tiré une fausse conséquence en disant : Si une première greffe augmente le volume d'un fruit par l'altération d'un végétal, une seconde greffe, augmentant l'altération, augmentera sa grosseur ; une troisième, encore davantage ; une quatrième de même, et ainsi de suite indéfiniment, ou au moins jusqu'à ce que, la nature ayant fait ses derniers ef-

pérer quelques utiles applications sur les arbres d'ornement, et de voir plusieurs variétés de couleurs greffées les unes sur les autres. Elle aurait ainsi la précieuse qualité de faire connaître celles qui sympathisent le mieux lorsqu'elles sont réunies, et cette étude serait une source de progrès pour l'art de la greffe.

R.

forts, les fruits soient parvenus à des dimensions
monstrueuses. Ils n'ont pas fait attention que cette
altération, parvenue à un certain degré, produirait
un effet absolument contraire à celui qu'ils ont sup-
posé, et que l'arbre, à la quatrième, peut-être
même à la troisième greffe, cesserait de porter
fruits, languirait quelque temps dans l'épuisement,
et périrait à la longue. Mais supposons qu'il résiste
à ces mutilations, grâce aux longs intervalles de
temps que l'on pourrait mettre entre chaque opération, on n'obtiendrait toujours que le degré d'altération qu'on lui procure ordinairement par d'autres moyens, tels que la bouture et la marcotte, et
que l'on rencontre naturellement dans les rejetons.
Supposons, par exemple, que l'on greffe un pommier sur sauvageon : on aura la première fois un
degré d'altération ; sur cette greffe on en placera
une seconde, et l'on aura un second degré d'altération que nous comparons à celle du franc ; une troisième altérera dans le degré du doucin ; une quatrième, dans celui du paradis, et une cinquième ne
produira plus rien, puisque l'altération du paradis,
réduisant sa taille à 65 ou 95 centimètres, est le
dernier degré de dégradation qu'un arbre puisse
supporter sans périr, ou au moins sans rester stérile. La preuve, c'est que des paradis qui n'atteignent pas ce développement, et cela arrive assez
souvent dans les terrains médiocres, cessent de porter fruit, ce qui oblige à les arracher. Comparons

actuellement les fruits obtenus par les greffes, et
ceux obtenus par le choix des sujets : leur augmentation de volume suivrait la même marche, et la
cinquième greffe ne produirait précisément que le
même fruit que l'on se procurerait à la première
sur le paradis; après quoi il ne faudrait plus attendre de résultats, puisque l'arbre serait entièrement
épuisé. Quand même l'altération par les greffes ne
marcherait pas exactement dans les mêmes proportions que celle du sauvageon au franc, de celui-ci
au doucin, et du doucin au paradis, les deux points
extrêmes étant les mêmes, le dernier résultat serait
aussi le même.

Ainsi donc, en supposant que les greffes-sur-
greffes aient sur les fruits l'influence que les auteurs
leur accordent, ce qui nous paraît plus que dou-
teux, le produit en serait peu intéressant, puisqu'on
peut l'obtenir de suite par une autre méthode plus
simple et surtout beaucoup moins longue. Aussi
n'allons-nous donner ces greffes que pour compléter notre monographie, et en même temps fournir
aux cultivateurs les moyens de s'assurer de la vérité
de notre assertion.

22. *Greffe-sur-greffe en fente.*

On greffe en fente à la manière ordinaire. Lorsque la greffe est assez poussée, on prend un de ses
propres rameaux, et on le greffe sur sa pousse de
l'année précédente. On recommence l'opération,
toujours en prenant le rameau sur les pousses de la

dernière greffe, jusqu'à ce qu'il y en ait plusieurs les unes sur les autres.

23. *Greffe-sur-greffe en écusson.* Greffe Duroy, de Thouin.

On greffe de la même manière que la précédente, à cette différence près, que l'on emploie la greffe en écusson au lieu de la greffe en fente.

Il paraît que M. Thouin ne nie pas positivement l'utilité de ces deux greffes, car il recommande de laisser des branches à fruit au dessous de chacune d'elles, afin d'avoir des points de comparaison irrécusables, qui résoudront aisément cette importante question.

Greffe pour augmenter la vigueur d'un arbre, ou le rajeunir.

Les descriptions de ces greffes, fort peu employées pour la plupart, indiqueront suffisamment le parti plus ou moins avantageux que le cultivateur peut en tirer.

24. *Greffe Noël par approche.* Thouin.

On plante, une année d'avance, plusieurs arbres de hauteurs différentes, mais de mêmes espèce et variété. On les greffe les uns sur les autres par le procédé de la greffe suivante, par approche en forme de coin.

M. Thouin prétend que, par ce moyen, on donne aux arbres une vigueur extraordinaire, et que l'on modifie la saveur et la grosseur de leurs fruits. Ce dernier point ne nous paraît pas suffisamment prouvé, et nous croyons encore moins qu'on peut en obtenir de nouvelles races.

25. *Greffe par approche en forme de coin.* Greffe Monceau, de Thouin. *Pl. 4, fig. 11.*

a, entaille triangulaire du sujet; *b*, extrémité du sujet taillé en coin.

On coupe la tête d'un sujet en coin très allongé, puis on fait à l'arbre qui doit fournir la greffe une profonde entaille triangulaire, en sens inverse du coin : on introduit celui-ci dans l'entaille, et on affermit la réunion des parties au moyen d'une ligature.

On donne par ce moyen une vigueur extraordinaire à un arbre qui reçoit la nourriture de deux appareils de racines, quoiqu'il n'ait qu'une seule tête. La greffe précédente augmente encore davantage, dit-on, la force de végétation, parce qu'elle donne plusieurs appareils de racines à la même tête, tandis que celle-ci n'en donne que deux.

26. *Greffe Buffon, par approche.* Thouin.

Lorsqu'un arbre fruitier étend ses branches horizontalement, on plante sous chacune des plus grosses un sauvageon d'une certaine force; on arque les sommités des branches des gros arbres; on coupe l'extrémité que l'on taille en biseau. Cela fait, on entaille les sauvageons, on réunit les biseaux aux

entaill s, et on les y maintient au moyen de la ligature. En peu de temps on a un arbre extrêmement
singulier, et dont la tête est d'autant mieux fournie,
qu'elle est alimentée par plusieurs troncs. Cette
greffe pourrait être très avantageusement employée
dans les jardins paysagers, où l'on cherche des effets pittoresques : en outre, elle fait produire un
plus grand nombre de plus beaux et de meilleurs
fruits.

(VIII. GREFFES PAR APPROCHE SUR RACINES.
Leur nom indique assez ce qu'elles sont, et en quoi
elles diffèrent des autres greffes par approche. Elles
pourraient être très utiles pour rétablir un arbre qui
serait malade par l'épuisement ou toute autre altération de ses racines ; mais jusqu'à présent elles
n'ont point été employées dans la pratique habituelle de l'horticulture.)

27. *Greffe par approche de racines.* Greffe Le-
monnier, de Thouin.

On creuse deux trous, un de chaque côté. au pied
d'un arbre malade dont on aura un peu découvert
les racines. On plantera dans ces trous deux souches de racines, choisies dans les espèces reconnues
pour fournir de bons sujets à greffer l'espèce ou la
variété de l'arbre atteint de maladie : puis sur l'aire
de la coupe des deux souches on greffera, par incrustation, l'extrémité des deux principales racines
de l'individu que l'on veut guérir, de manière à lui
conserver sa tige et toutes ses parties ascendantes.

Cette incrustation se fait au moyen d'une entaille du
sujet, dans laquelle on introduit le bout de la racine
taillée en biseau, comme pour une greffe en fente
ordinaire. On recouvre de terre, et l'opération est
finie.

On prétend que cette méthode, fournissant à l'arbre des racines saines et vigoureuses, non seulement
le rétablit en pleine santé, mais augmente encore sa
fructification.

28. * *Greffe en couronne pour rajeunir.* Greffe
Pline, de Thouin. *Pl.* 3, *fig.* 3.

    a, greffe taillée en bec de flûte avec son cran.

Pline a décrit cette greffe, et l'appelle *incisio in-
ter corticem et lignum.* On coupe, à différentes places, les branches ou même le tronc d'un vieil arbre,
qui commence à ne plus rapporter de fruits ; sur le
tour de l'aire de la coupe on soulève l'écorce ; on
taille les rameaux à greffer en forme de bec de flûte ;
on fait un cran à la partie supérieure de l'entaille
où commence le bec de flûte, puis on les introduit entre l'écorce et l'aubier du sujet.

Ces nouveaux rameaux croissent avec beaucoup
de vigueur, et fournissent en peu de temps une belle
tête, ou des branches vigoureuses qui se chargent de
fruits pendant plusieurs années.

29. * *Greffe en couronne dans l'écorce.* Greffe
Théophraste, de Thouin, *Pl.* 3, *fig.* 4.

Comme dans la précédente, on coupe les branches ou le tronc du sujet ; mais, au lieu de soulever l'écorce, on la fend verticalement dans toutes les parties du pourtour où l'on veut placer des greffes. On taille les rameaux de la même manière, et on les insère entre l'aubier et l'écorce aux places où celle-ci a été fendue, de manière à ce que les deux lèvres de la fente recouvrent les deux côtés du bec de flûte fait à la base de chaque greffe.

Elle est plus avantageuse et plus sûre que la précédente, en ce qu'elle permet de placer un plus grand nombre de rameaux, et parce que, l'écorce n'étant point détachée du bois à côté des greffes, l'air ne peut s'y introduire pour dessécher le cambium et empêcher la reprise. Du reste, elle sert aux mêmes usages.

30. *Greffe de côté en couronne.* Greffe Richard, de Thouin. *Pl.* 3, *fig.* 8.

a, biseau de la greffe ; *b*, incision en T, dans laquelle le rameau est inséré.

On prend un rameau que l'on taille, à sa base, en biseau long et aplati. On fait au sujet une incision en forme de T, comme pour placer un écusson ; on détache l'écorce de l'aubier avec la spatule du greffoir, et l'on fait glisser entre deux le biseau de la greffe, que l'on y maintient avec une ligature.

Elle convient parfaitement pour remplacer la greffe en écusson sur les arbres dont l'écorce trop vieille a acquis de l'épaisseur et de la solidité. On

s'en sert pour placer des branches où il en manque,
ou pour remplacer celles qu'un accident ou une
maladie aurait forcé d'abattre. Avant la découverte
des greffes herbacées, on s'en servait assez avantageusement pour les arbres résineux.

31. *Greffe de côté en couronne*, 2me sorte. *Pl.* 3,
fig. 8.

c, incision en **T**, sur laquelle le morceau d'écorce circulaire est enlevé.

Elle se fait comme la précédente, mais on enlève
une petite partie circulaire d'écorce sur la barre du
T, de manière à pouvoir faire coïncider le liber de
la partie supérieure de l'entaille du sujet avec le
liber de la partie supérieure du biseau de la greffe.

Elle est propre aux mêmes usages que la précédente.

32. *Greffe de côté en cheville*. Greffe Térence, de
Thouin. *Pl*. 3, *fig*. 9.

a, trou fait dans la tige ; b, rameau aminci en cheville ;
c, rameau inséré dans le trou.

On coupe une petite branche, un rameau, ou une
ramille ; on l'étête par un bout, et on taille et amincit la base en forme de cheville. Puis avec un vilebrequin on fait un trou dans la tige ou le tronc d'un
arbre, et on y enfonce la greffe, toujours avec la
précaution de faire coïncider les écorces. On recouvre hermétiquement la plaie avec la cire à greffer.

Elle sert aux mêmes usages que les précédentes, et offre beaucoup plus de solidité.

33. *Greffe de côté en cheville et à rebours.*

On la fait absolument de la même manière ; mais, au lieu de tailler le rameau en cheville à sa base, on le taille à son extrémité supérieure, de manière qu'il se trouve inséré à rebours.

Les Romains pratiquaient de préférence ces deux greffes pour multiplier les variétés les plus précieuses de vignes et d'oliviers. Aussi Térence en recommande-t-il spécialement l'usage.

34. *Greffe de côté, simple, par entaille. Pl. 5, fig. 7.*

On prend un rameau un peu moins gros que la tige à greffer, on le taille en coin mince et allongé à sa base, et l'on coupe sa partie supérieure à deux ou trois yeux au dessus du biseau. On fait au sujet une entaille plus profonde à mesure qu'on la descend à 35 ou 40 millimètres, mais jamais assez profonde pour atteindre le cœur du bois. On place la greffe de manière à ce que les écorces des deux côtés de l'entaille coïncident parfaitement avec les écorces des deux côtés du coin, et l'on assure la solidité par une ligature.

Cette méthode, simple et d'une exécution facile, offre beaucoup de chances de succès, et forme des têtes assez solides.

35. *Greffe de côté, double, par entaille.*

Les rameaux se taillent en coin comme pour la

précédente, mais on ne laisse de l'écorce que sur un des côtés; ou mieux on les taille en lame de couteau, n'ayant de l'écorce que sur la partie épaisse opposée au tranchant. On fait, sur un sujet beaucoup plus gros que les greffes, une entaille semblable à la précédente, aussi longue, mais moins profonde, et l'on insère deux greffes, une de chaque côté de l'entaille, avec la précaution de faire coïncider parfaitement les écorces. Il faut que la largeur de l'entaille et la grosseur des greffes aient été combinées de manière à ne laisser aucun vide entre les deux rameaux lorsqu'ils sont mis en place. On maintient par une ligature.

Aussi facile que la greffe simple, celle-ci mérite la préférence, parce qu'elle présente une double chance de succès.

36. *Greffe de côté par entaille en travers.* Greffe Roger Schabol, de Thouin. *Pl.* 3, *fig.* 10.

a, entaille du sujet; *b*, rameau taillé en spatule; *c*, son insertion.

On taille le rameau en forme de bec de flûte ou de spatule, et l'on entaille le sujet en travers, en gagnant directement le milieu de son diamètre sans monter ni descendre l'entaille; puis on y insère la greffe de la même manière qu'un tenon dans sa mortaise. On couvre la plaie avec la cire à greffer.

Cette méthode, beaucoup plus difficile que les précédentes, n'est pas d'un succès aussi certain, et on l'emploie rarement. On s'en sert aux mêmes usages. Ces sept greffes sont rangées dans la série des greffes en couronne, parce que l'on peut en placer plusieurs autour de la même tige, lorsqu'elle est assez forte pour cela.

37. *Greffe en écusson à emporte-pièce.* Greffe Mustel, de Thouin. *Pl. 1, fig. 4.*

a, plaie du sujet; *b*, lame d'écorce.

On doit avoir un emporte-pièce fait exprès, avec lequel on enlève une plaque d'écorce sur un sujet. Avec le même outil, ou la lame du greffoir, on lève l'écusson ou la lame d'écorce, au milieu de laquelle est un œil vigoureux. Il faut qu'elle soit exactement de la même grandeur que la plaie faite au sujet, afin de la remplir avec la plus grande précision. Lorsqu'elle y est bien ajustée, on la maintient au moyen de cire à greffer, ou de cire molle.

Cette méthode est excellente pour placer des écussons sur un vieil arbre, dont l'écorce épaisse et raboteuse ne se prêterait pas à la greffe en écusson ordinaire.

Greffes pour maintenir les formes d'un arbre, et son équilibre de végétation.

Par défaut d'avoir, sur un sujet, des branches bien placées pour être pliées à la forme que l'on destine à un arbre, soit quenouille, gobelet, espalier, etc., il arrive que l'on est forcé de lui conser-

ver une forme vicieuse, ou de placer des bourgeons
où la nature lui en avait refusé. Pour cela on emploie plusieurs espèces de greffes, selon les diverses
circonstances que le hasard peut présenter, et l'on
parvient, avec du temps et de la patience, à rendre
à un individu précieux toute la régularité et la
grâce dont il était privé. On voit encore, assez souvent, un arbre perdre sa forme régulière, parce que
la sève, s'emportant dans quelques branches sans
que l'on puisse en deviner la cause, abandonne
d'autres parties qui maigrissent d'abord et finissent
par se dessécher au bout de quelque temps.

38. *Greffes par approche de gourmands.* Greffe
Malesherbes, de Thouin. *Pl. 4, fig. 1.*

a, branche gourmande : *b,* son insertion dans la tige.

On mesure la longueur des branches vulgairement appelées *gourmands,* croissant sur quelques
parties d'un arbre aux dépens des branches utiles
qu'elles affament. On voit si leur sommet peut atteindre facilement, par le moyen d'un peu d'inclinaison ou d'une légère arcure, la tige principale,
ou les branches souffrantes. On fait à ces parties
une entaille, pour recevoir l'extrémité des gourmands que l'on a taillés en biseau, et on les soude
par le moyen de l'incrustation ou de la greffe en
approche ordinaire.

Il en résulte que la sève, qui se portait en trop
grande abondance dans les gourmands, est resti-

tuée par eux aux parties qui en étaient privées, et que l'équilibre se rétablit promptement.

39. *Greffe par approche de rameaux.* Greffe Forsyth, de Thouin. *Pl. 4, fig. 2.*

a, branche manquant de rameau ; *b,* rameau qu'on y greffe en approche, en *c* ; *d,* coupe du rameau quand la reprise est parfaite.

Sur les tiges et les branches d'un sujet, partout où il manque des rameaux, on fait des entailles dans toute la profondeur de l'aubier jusqu'au bois. On choisit des rameaux à proximité, on les entaille en sens inverse, on réunit les parties plaie sur plaie, avec la précaution de les faire recouvrir exactement, et de faire coïncider les écorces ; puis on maintient l'appareil au moyen de ligatures. Lorsque la reprise est opérée, on coupe les rameaux au dessous de la greffe, et l'arbre s'en trouve bien garni partout où il en manquait.

On emploie particulièrement cette greffe sur les arbres fruitiers taillés en gobelet, en espalier, en éventail, et surtout en quenouille, pour les garnir de rameaux dans les places où il en manquait, les rendre plus réguliers et plus agréables à la vue, et enfin augmenter leur produit (1).

(1) Cette greffe est un excellent moyen pour regarnir l'arête dénudée des branches du pêcher. Aujourd'hui on pratique plusieurs approches avec le même bourgeon.

40. *Greffe par approche pour remplacement de tête.* Greffe cauchoise, de Thouin. *Pl. 4, fig. 4.*

a, entaille triangulaire du sujet ; *b*, entaille du jeune sujet qui doit fournir la nouvelle tête ; *c*, la même entaille vue de face.

On coupe la tête d'un sujet, ou on unit la plaie

Ainsi, lorsqu'au printemps, celui-ci a acquis une longueur suffisante, on en fait une première greffe en approche sur sur le point de l'arête à regarnir. Son sommet, resté libre, continue à croître, et lorsque son allongement est suffisant, on le greffe une seconde fois, ainsi de suite jusqu'en juin, ou jusqu'à ce qu'on ait rempli le vide. On sèvre ces greffes en août ou au printemps, et on peut, à la taille, les traiter comme les jeunes rameaux dont on fait des branches à fruits. Cette opération ne laisse aucune trace désagréable.

On fait encore une autre greffe en approche de rameaux détachés de leur pied, ce qui est commode dans le cas où on n'en a point à proximité de l'endroit ; cette greffe qu'on peut appeler GREFFE FOREST, du nom de son inventeur, arboriculteur habile, se pratique dès l'ascension de la sève. On coupe la base du rameau à greffer en biseau très allongé ; on lève sur la place nue une bande longitudinale d'écorce que puisse exactement recouvrir le biseau de la greffe ; on l'applique sur la place écorcée, et on ligature sur toute sa longueur, en ajoutant s'il est nécessaire un peu de cire à greffer. On ne taille point la greffe à laquelle on laisse tous ses yeux pour activer la reprise. Cette greffe est fort propre.

R.

lorsque l'arbre a été brisé par un accident, puis on fait sur l'aire de la coupe une entaille triangulaire. Le plus près possible de son pied, on plante un jeune sujet dont la tête commence à se former ; on l'incline sur la coupe du premier ; et, au moyen d'une entaille en forme de coin faite à sa tige, on fixe celle-ci dans l'entaille triangulaire du sujet, et on fait une ligature pour maintenir le tout jusqu'à la reprise parfaite. Alors on coupe le jeune arbre au dessous de la greffe, et le vieux tronc, fournissant une séve abondante à la nouvelle tête, lui a bientôt fait développer des dimensions égales à celles de la première qu'il a perdue.

S'il arrive que le vent, ou tout autre accident, brise ou détruise la tête d'un arbre dans une avenue, un quinconce ou un verger, il vaut beaucoup mieux la remplacer par une autre, en employant cette greffe, que de la remplacer par un jeune sujet dont la croissance sera très longue, à supposer même que les arbres voisins ne l'étouffent point. Les habitants de la Normandie, de la Picardie, etc., n'emploient pas d'autres moyens pour réparer le dégât que le vent occasione parfois dans leurs immenses plantations de pommiers à cidre.

41. *Greffe par approche en étaie.* Greffe Duhamel, de Thouin. *Pl.* 5, *fig.* 8.

a, un vieil arbre, dont le tronc détruit par l'âge, en *b*, est remplacé par les jeunes sujets, *c, c, c, c.*

Autour du tronc d'un gros arbre on plante plusieurs sujets d'une certaine force. L'année suivante, lorsqu'ils sont parfaitement repris, on leur coupe la tête, et on taille l'extrémité de leurs tiges en forme de tenon. On creuse dans le tronc du gros arbre des mortaises dans lesquelles on fait entrer et fixe les tenons. Il faut que les jeunes sujets soient plantés à une distance du vieux tronc, calculée de manière à ce qu'en les courbant pour les y fixer, ils ne forment pas un angle de plus de 35 à 40 degrés. On fait sur les plaies une ligature extrêmement solide, avec des chiffons et de vieilles cordes par dessus.

Si, lorsque le tronc d'un vieil arbre est détérioré, on tient à le conserver, soit parce qu'on y attache des souvenirs agréables, soit à cause de son produit, on le reprend en sous-œuvre de cette manière, et l'on augmente beaucoup sa vigueur en même temps que l'on prolonge son existence.

42. *Greffe par approche en écusson.* Greffe Denainvilliers, de Thouin. *Pl.* 4, *fig.* 14.

a, incision du sujet et insertion de la greffe ; b, biseau du jeune sujet.

On coupe en biseau allongé et plat, sur le bourgeon de la dernière ou de l'avant-dernière pousse, la tête de jeunes sujets que l'on a plantés l'année d'avant autour d'un arbre moins vieux que celui de la greffe précédente. Sur l'écorce de l'arbre à greffer on fait deux incisions en T renversé (⊥), on soulève l'écorce avec la spatule du greffoir; après quoi on introduit, entre le liber et l'aubier, les biseaux des tiges des sujets, et on fait une ligature solide, comme pour la greffe en écusson.

Cette greffe offre les mêmes résultats que la précédente, mais elle a l'avantage d'être beaucoup plus facile et d'une reprise plus sûre. On l'emploie sur les jeunes individus d'arbres fruitiers, et plus souvent encore sur les arbres d'ornement dont on veut augmenter la croissance en même temps que leur donner une forme pittoresque.

43. *Greffe par approche en étaie par accolade.* Greffe Fougeroux, de Thouin. *Pl. 4, fig.* 15.

a, sujet ; *b, b,* jeunes sujets greffés en *c, c.*

On plante autour d'un arbre encore jeune des sujets jeunes aussi, comme pour les greffes précédentes. Lorsque leur reprise est parfaite, on les courbe sur l'arbre du milieu, et l'on entaille leur tige (sans couper la tête) depuis la première couche d'écorce jusqu'à l'aubier. On fait sur le tronc de l'arbre des entailles correspondantes à celles des sujets, on les couvre les unes par les autres, et on fait la ligature comme pour la greffe ordinaire en approche. Lorsque la reprise est parfaitement opérée, on coupe les têtes des sujets.

Elle s'emploie pour les mêmes usages que les trois précédentes, et a sur elles cet avantage que, si l'opération ne réussit pas, les sujets ne sont point ou très peu endommagés ; mais aussi elle est un peu moins solide et beaucoup moins propre.

44. *Greffe par approche compliquée.* Greffe Rozier, de Thouin. *Pl. 5, fig. 5.*

b, b, les mères branches ; *a, a,* etc., points de section où sont greffés les bourgeons.

On plante en ligne des sujets greffés sur franc ; et, à la taille, on établit deux mères branches opposées, palissées horizontalement et le plus près de terre possible. On laisse croître, sur les branches, des bourgeons, que l'on tâche de tenir à une distance égale les uns des autres autant que possible. Dès qu'ils ont atteint 50 ou 65 centimètres de longueur, on les incline, l'un à droite, l'autre à gauche, et ainsi de suite, de manière à leur faire former une espèce de grille en lozange sur chaque branche mère ; leur inclinaison ne doit jamais être que de 30 à 45 degrés. A chaque point de section on incise les bourgeons jusqu'à l'étui médullaire, et on unit les plaies de la même manière que nous avons dit pour la greffe ordinaire par approche. A mesure que les bourgeons augmentent en longueur, on greffe de nouveau leurs sommités.

Celle-ci est extrêmement agréable pour former dans les vergers, surtout dans les jardins paysagers d'un genre champêtre, des haies et des palissades qui se couvrent de fruit. De tous les arbres fruitiers le pommier est celui qui se prête le mieux

4.

à former ainsi des clôtures solides, d'une bonne dé-
fense, et d'un grand produit.

Greffe pour couvrir une amputation.

45. Greffe par écorce rapprochée. Pl. 4, fig. 7.

c, lanières de l'écorce conservée ; d, coupe du sujet au
dessus de la greffe e ; b, les lanières appliquées sur la
coupe, au dessus de l'écusson a.

Avant de couper la tige d'un sujet, au dessus
d'une greffe ou d'un œil, on commence par cerner
l'écorce tout le tour à une hauteur (au dessus de
l'endroit où on veut couper) égale au diamètre
de la tige. On fend longitudinalement l'écorce en
trois, quatre, ou un plus grand nombre de lanières,
selon la grosseur du sujet ; on décolle les lanières
de dessus l'aubier, et on les renverse ; puis on
coupe le bois à la hauteur désirée, et l'on unit parfaitement la cicatrice. On rapproche les lanières les
unes des autres, on les taille en triangles dont les
pointes doivent se rencontrer vers le centre de
la coupe lorsqu'on les a inclinées dessus. On fait
coïncider le mieux possible les libers, et on maintient l'appareil au moyen de la cire à greffer.

Par cette méthode les écorces se soudent très bien,
l'amputation se trouve recouverte, et la chaleur ni
l'humidité n'ont plus d'accès sur le bois ou la
moelle du sujet. Cette greffe peut devenir utile pour
les arbres précieux à bois tendre et moelleux,
cultivés en pleine terre.

Greffe pour réparer l'écorce d'un arbre.

Si par un accident quelconque, un choc par exemple, un arbre se trouvait dépouillé de son écorce, le contact alternatif de la chaleur et de l'humidité sur l'aubier le gercerait bientôt, le chancre s'y mettrait, et l'arbre serait perdu en peu de temps si on n'y portait un prompt remède. Lorsque la plaie est grande, c'est vainement qu'on la couvre avec la cire à greffer, l'onguent de Saint-Fiacre ou tout autre ingrédient; elle ne peut se recouvrir que par le moyen de la greffe.

46. *Greffe en écusson sans yeux.* Greffe Tillet, de Thouin. *Pl.* 1, *fig.* 1.

a, plaie; *b*, plaque.

Sur un arbre inutile, de la même espèce ou seulement du même genre que l'arbre blessé, pourvu cependant que les analogies soient suffisantes, on enlève une plaque d'écorce un peu plus grande que la plaie de l'arbre que l'on veut conserver, et on lui donne une forme régulière. On taille l'écorce de la plaie de l'arbre utile dans la même forme et les dimensions exactes de la plaque, de manière à ce qu'on puisse y placer celle-ci et l'y incruster avec le plus de justesse possible. Les libers de la plaque et du sujet se joignant parfaitement tout le tour, et la plaque bien appliquée sur l'aubier dans tous ses points, on maintient la greffe par une ligature, et on couvre les bords de la plaie avec la cire à greffer.

Il est inutile de dire que cette opération ne peut se faire que pendant le moment de la sève, car un choc ne décolle guère l'écorce d'un arbre qu'à cette époque. Cependant, s'il en était autrement, on couvrirait la plaie avec l'onguent de Saint-Fiacre, et l'on attendrait le moment favorable pour opérer; mais alors il faudrait minutieusement nettoyer l'aubier, et même enlever jusqu'au vif toute la surface desséchée ou moisie.

DEUXIÉME DIVISION.

GREFFES PROPRES A DE CERTAINS ARBRES FRUITIERS.

Les greffes que nous venons d'énumérer conviennent à la plus grande partie des arbres fruitiers; mais il en est quelques-uns dont l'organisation particulière exige aussi des méthodes particulières pour que l'on puisse réussir avec certitude à les greffer. La vigne, le noyer, le châtaignier, l'olivier et l'oranger sont particulièrement dans ce cas-là; aussi nous fourniront-ils des articles séparés que nous compléterons autant qu'il nous sera possible. Nous ne prétendons pas dire cependant que, hors les méthodes que nous allons décrire, il n'existe aucun procédé qui puisse conduire au même but;

seulement nous donnerons les plus sûrs parmi ceux qui sont le plus généralement employés.

Greffes de la vigne.

Pendant longtemps on a cru, et cette erreur est encore accréditée chez quelques cultivateurs, que la vigne n'avait pas d'écorce, et que par conséquent on n'avait pas besoin de faire coïncider les libers pour opérer la reprise de sa greffe en fente. Il est certain que cette coïncidence est aussi nécessaire dans ce végétal que dans toutes les autres espèces d'arbres, quoi qu'en aient dit quelques auteurs ; et, loin que la greffe soit plus facile sur cet arbrisseau, ce qui devrait être si la reprise pouvait s'opérer sur toutes ses parties comme ils le prétendent, elle est au contraire d'autant plus difficile, que l'écorce est plus mince et le liber intimement attaché à l'aubier.

47. * Greffe en fente en double V (W). Pl. 2, fig. 9.

a, a, cornes qui se dessèchent.

C'est presque la greffe en fente toute simple ; la seule différence, c'est que la mortalité, qui se manifeste toujours plus ou moins sur la coupe d'un sujet ordinaire, descend dans la vigne beaucoup plus bas que sur les autres arbres fruitiers, et empêche la reprise si on ne s'oppose à cet inconvénient. Pour y parvenir, on taille la greffe en lame de couteau ou en coin, sans faire de retraite pour l'asseoir sur

l'aire de la coupe du sujet. Ce coin, taillé à partir
d'un œil, sera très mince du côté qui doit être en dedans, et celui opposé sera plus épais et garni de
son écorce. Si le coin a, par exemple, 4 centimètres de longueur à partir de l'œil où la coupe
commence, on fendra le sujet à 5 centimètres de
profondeur, pour pouvoir descendre cet œil à un
centimètre au dessous de l'extrémité supérieure
de la fente ; car l'expérience nous a appris que,
dans un sujet de grosseur ordinaire, un centimètre
à peu près des deux cornes faites par la fente, se
dessèche et meurt avant la reprise. On insère la
greffe à la manière ordinaire, c'est-à-dire, en faisant coïncider les écorces avec la plus grande justesse, et on fait la ligature en commençant par le
bas et remontant vers le haut, jusques un peu au
dessus de l'œil, dans l'endroit où les deux cornes
commencent à ne plus toucher le rameau. L'année
suivante, lorsque la greffe est parfaitement soudée, on coupe les deux cornes desséchées, le plus
près possible du bourgeon, et l'on unit la plaie pour
qu'elle se cicatrise parfaitement.

Cette méthode est la plus sûre de toutes ; mais,
comme l'opération est assez difficile à faire et exige
un certain temps, on ne l'emploie guère qu'à la
greffe des treilles cultivées dans les jardins pour
fournir des raisins de table. On s'en sert encore avec
beaucoup d'avantage pour greffer le noyer et tous les
arbres à moelle épaisse et volumineuse.

48. * *Greffe en fente enterrée. Pl. 2, fig 10.*

a, a, niveau du sol.

Comme elle s'emploie dans la grande culture, nous allons la décrire telle qu'elle se pratique dans les environs de Lyon. On prépare, en les taillant en coin, un nombre de rameaux proportionné à la quantité de ceps à greffer, et on les met dans un panier qu'une femme porte à son bras. Cela fait, un homme muni d'une pioche commence à déterrer à 15 centimètres de profondeur le premier cep d'un rang de vigne ; il détache toutes les petites racines qui peuvent se trouver à 12 centimètres de la surface de la terre, et passe au second cep du même rang pour le préparer de même, puis au troisième, au quatrième, et ainsi de suite ; un autre ouvrier le suit, et coupe le cep sur ses racines, à une profondeur de terre que les circonstances exigent, mais qui ne peut être moindre de 10 centimètres et de plus de 15 ; il unit l'aire de la coupe, et y ouvre, au moyen d'une forte serpette peu courbée, une, deux, trois ou quatre fentes, selon la grosseur du sujet. La femme, qui vient après, place autant de greffes qu'il y a d'entailles ; enfin un troisième ouvrier, qui marche en dernier, assure les greffes en comprimant un peu de terre autour avec les mains, puis il recouvre le tout à la pioche, mais avec l'extrême précaution de ne pas les déranger, et de laisser sortir deux yeux hors de terre.

Ces greffes faites sur des sujets de trois ou quatre ans réussissent très bien ; mais la vigueur de leur végétation est incroyable quand on les établit sur de vieilles vignes dont on veut changer la nature, par exemple, du rouge au blanc. Trois hommes et une femme peuvent aisément en greffer dix à douze ares dans un jour.

49. *Greffe en fente sur provins.* Greffe Olivier de Serres, de Thouin. *Pl. 3, fig.* 12.

On marcotte autour d'un cep de vigne des sarments bien aoûtés, et on coupe leur extrémité à 10 à 15 centimètres au dessous de la surface de la terre. On les fend et on les greffe, en fente simple, avec des rameaux un peu plus minces, mais également bien aoûtés ; puis on recouvre de terre en laissant sortir deux yeux comme pour la précédente.

Cette méthode convient très bien lorsque l'on veut changer peu à peu l'espèce d'un vignoble et seulement par remplacement, ainsi que pour multiplier plus rapidement dans un jardin les espèces précieuses. On s'en sert aussi pour les arbres étrangers après avoir préparé leurs marcottes par cépée.

50. *Greffe en fente enterrée à rainures.* Greffe de la vigne, de Thouin. *Pl.* 2, *fig.* 10.

a, a, surface du sol.

Elle se fait à peu près comme l'avant-dernière. On découvre la souche, on coupe la tige à 8 à 12 centimètres dans la terre, et l'on forme deux rainures triangulaires, une de chaque côté. On taille deux sarments en pointe triangulaire, dont un côté reste muni de son écorce. On les ajuste exactement dans les rainures du sujet, avec coïncidence d'écorce, et on recouvre de terre de manière à ne laisser paraître que deux yeux au dessus de la surface.

Celle-ci est employée, comme les précédentes, pour transformer en bonnes espèces des variétés de médiocre qualité, et pour augmenter le produit; mais la difficulté qu'elle présente pour creuser les rainures, et y établir les greffes assez solidement pour n'être pas dérangées par la terre dont on les recouvre, fait qu'elle ne peut être d'un usage avantageux que dans les jardins, et qu'elle convient peu à la grande culture.

51. ** *Greffe en fente au milieu du bois. Pl.* 2, *fig.* 16.

a, le sarment fendu, dans lequel on a placé la lame *b*.

Sur du bois gros et bien aoûté, de l'année précédente, on pratique une fente qui le partage en deux dans toute son épaisseur, et entre deux nœuds. Puis on taille une greffe de la variété à multiplier; on lui donne la forme d'une lame de couteau, très plate, finissant en pointe aiguë à ses deux extrémités, s'épaississant vers son milieu où l'œil se trouve placé, et munie de son écorce sur ses deux côtés. On l'introduit dans la fente dont on écarte les lèvres, et l'on fait coïncider les écorces des deux côtés. On conçoit que pour cela il faut que la lame ait une largeur égale à l'épaisseur du sujet. On fait une ligature solide avec des lanières d'écorce ou de l'osier très souple.

Cette greffe est très employée dans les jardins des environs de Paris pour multiplier les variétés précieuses (1).

52. * *Greffe en fente en appui à double cran. Pl.* 2, *fig.* 14.

a, pointe du biseau finissant en bec de flûte ; *b*, cran entaillé à la base du biseau.

On choisit un rameau à greffer exactement de la même grosseur que le sujet. On le coupe en long biseau finissant à sa pointe en un petit bec de flûte, et l'on pratique un cran à son sommet ; on taille le sujet absolument de la même manière, mais en sens inverse, afin de pouvoir les ajuster l'un et l'autre en les posant. On fait la ligature comme pour la précédente.

(1) Elle y est connue sous le nom de *greffe en navette.* On peut parfaitement se dispenser de ligaturer, mais il est bon de luter avec la cire à greffer. On l'emploie avec succès pour changer le cépage d'une vigne, sans perte de récolte. En effet en greffant en février ou mars, et taillant le sujet comme à l'ordinaire, il fructifie et la greffe se développe. A la taille suivante on rabat sur elle et on supprime l'ancien pied. On peut greffer ainsi sur du bois de quatre ans, et même plus vieux.   R.

Elle est aussi employée que l'autre dans les environs de Paris ; mais, si elle est plus facile elle est aussi d'une reprise beaucoup moins sûre. Du reste, elle sert aux mêmes usages.

53. *Greffe en couronne, enterrée, à incision d'entaille*. Greffe Hervy, de Thouin. *Pl. 3. fig. 1.*

On coupe la tige d'un cep de vigne sur le collet de sa racine, et l'on fait sur l'aire de sa coupe une entaille triangulaire de 6 à 9 millimètres de profondeur. On choisit un sarment très mûr, et on taille son gros bout en coin de la même longueur que l'entaille dans laquelle on l'ajuste le plus exactement possible, et de manière à ce que les écorces coïncident au moins d'un côté. On recouvre de terre.

On a voulu recommander cette greffe pour être employée en grand dans les pays vignobles ; mais on n'a pu réussir à la mettre en usage, et elle est restée reléguée dans les jardins, où on s'en sert pour multiplier les jeunes arbres à bois dur et dont les greffes reprennent difficilement.

54. *Greffe en couronne aérienne, à incision d'entaille. Pl. 3, fig. 1.*

On l'exécute comme la précédente, à ces différences près qu'elle se fait hors de terre sur de jeunes sujets et à une hauteur arbitraire, et qu'on consolide la réunion de la greffe au sujet par le moyen d'une ligature et de la cire à greffer.

Du reste, elle est propre aux mêmes usages, et

présente les mêmes inconvéniens pour être pratiquée en grand.

55. *Greffe par approche chinoise.*

On fend dans toute leur longueur, et au tiers à
peu près de leur diamètre, deux ceps de vigne dont
les raisins sont de différentes couleurs ; on enlève le
côté le plus mince, et l'on unit les deux tiges plaie
contre plaie : après quoi on fait une ligature tout le
long des deux tiges qui n'en forment plus qu'une.

On obtient, par ce procédé, des ceps de vigne qui
produisent des raisins de deux couleurs ou de deux
espèces.

56. *Greffe par approche chinoise compliquée.*
Greffe chinoise, de Thouin. *Pl. 5, fig. 4.*

On prend plusieurs jeunes sujets à peu près de
la même force, de couleurs et variétés différentes,
et on les plante aussi près que possible les uns des
autres. Lorsque la reprise est parfaite, on les fend
en quartiers triangulaires et égaux, dans toute leur
longueur, et on n'en conserve qu'un par sujet. Il
faut que la grosseur et la taille angulaire des quartiers soient calculées de manière à ce que, réunis,
ils forment une tige ronde, dont les écorces se joi-
gnent bien à l'extérieur, ainsi que le bois à l'inté-
térieur. On maintient cette réunion par une ligature qu'on laisse jusqu'à ce que la soudure soit complète dans toute la longueur.

Quand on réussit à faire reprendre cette greffe, on
obtient sur le même cep des fruits de plusieurs

variétés, autant qu'on a réuni de quartiers. Mais quelques personnes croient encore aujourd'hui que par ce moyen on a sur le même cep des raisins de formes bizarres et de saveur particulière, mélanges de toutes les variétés confondues dans un seul fruit : cette erreur est d'autant plus grossière qu'elle est en contradiction avec toutes les lois que la nature a établies dans l'organisation végétale, et qu'elle choque autant le bon sens que la physiologie des plantes.

57. *Greffe par approche par perforation.* Greffe Virgile, de Thouin. *Pl. 5, fig.* 9.

Dans la tige d'un cep, on fait avec un vilebrequin un trou qui le perce diamétralement de part en part. On y introduit le rameau de l'espèce que l'on veut greffer, on le rogne à deux yeux au dessus de sa sortie du trou, et on lute les deux côtés de la plaie avec de la cire à greffer.

On croyait autrefois que cette méthode augmentait beaucoup le volume des grains de raisin, et que le moindre résultat était de les avoir de la grosseur d'une prune. Cette greffe produit le même effet que les autres, et l'erreur est tombée dans le discrédit qu'elle mérite.

58. *Greffe par approche hétérogène par perforation.*

C'est absolument la même que la précédente; mais, au lieu de choisir un cep de vigne pour sujet, on place la greffe dans une branche de noyer perforée pour la recevoir.

Un assez bon nombre d'auteurs ont écrit que les raisins obtenus par ce moyen devenaient d'une grosseur énorme, mais qu'ils n'étaient pas mangeables, parce qu'ils contractaient la saveur amère de brou de noix. Cette absurdité n'a plus besoin d'être réfutée aujourd'hui ; car non seulement les fruits ne seraient pas comme ils le disent, quand même on réussirait à opérer la reprise ; mais cette dernière est impossible.

59. *Greffe par approche en torsion.* Greffe Caton, de Thouin. *Pl.* 5, *fig.* 3.

On ouvre une fosse dans laquelle on plante de trois à cinq crossettes de variétés différentes. On laisse croître le plus fort bourgeon de chaque pied, et l'on détruit les autres. Lorsqu'ils ont atteint une hauteur suffisante, on les tord légèrement les uns sur les autres, et on les lie dans toute leur longueur pour les forcer à se souder à mesure qu'ils prennent leur croissance, et à ne former qu'une seule tige.

On croyait autrefois que les raisins obtenus de cette manière devaient être panachés de diverses couleurs et avoir la saveur mélangée de toutes les variétés composant l'agrégation. Cette erreur est tombée en désuétude, et l'on sait aujourd'hui qu'on n'en obtiendrait que des variétés sans mélange, mais plusieurs sur une même tige.

60. *Greffe en fente de la vigne laxative et unguentère.* Greffe Constantin-César, de Thouin.

Nous avons conservé à cette greffe le nom que

Constantin-César lui a donné, liv. 4, chap. 7, comme nous rapporterons les vertus aussi merveilleuses que ridicules qu'il attribue aux fruits qu'on e n obtient.

On coupe un cep de vigne entre deux terres, on le fend dans le milieu de son diamètre, on enlève la moelle, et on la remplace par des couleurs, des aromates et des médicaments. On prépare deux rameaux comme pour la greffe en fente simple, on les insère de la même manière sur les deux côtés fendus, et on recouvre de terre en laissant dépasser deux yeux hors de la surface du sol.

Suivant l'auteur cité, on se procurera, par ce moyen, des raisins verts, bleus, blancs, etc., selon les couleurs qu'on y aura mises ; ils auront le goût de cannelle, de muscade, de gérofle, ou autre à volonté ; et enfin ils seront *laxatifs ou unguentères*, pour nous servir des expressions de l'auteur, selon la vertu des médicaments qu'on y aura déposés. Certes il fallait beaucoup compter sur la crédulité de nos ancêtres pour oser imprimer de pareilles choses.

Si nous avons décrit ces trois dernières greffes, c'est qu'en écrivant notre ouvrage nous nous sommes fait une loi de donner non seulement tous les faits vrais et intéressants, ma's encore de relever les erreurs nombreuses accréditées, même de nos jours, par des auteurs dont les savantes théories, toutes puisées dans des livres, n'ont pas été soumises par eux aux épreuves de l'expérience.

Greffes du noyer.

Le noyer, étant un arbre très moelleux, est fort difficile à greffer. Cependant on réussit assez souvent en lui appliquant les greffes en écusson à œil poussant, en flûte ordinaire, en fente, en double W, et mieux encore les suivantes.

(IX. GREFFES EN FLUTE. Ce sont des greffes par gemmes. L'opération consiste à rapporter sur un sujet un ou plusieurs yeux placés sur un anneau d'écorce, et sans aubier. Elles portent les noms vulgaires de greffes en sifflet, en canon, en anneau, en tuyau, en cornuchet, en flûteau et en chalumeau. On les emploie plus ordinairement pour les arbres fruitiers cultivés dans les champs et les grands vergers, et pour la multiplication de quelques espèces d'arbres étrangers à bois dur.

Les époques les plus favorables pour les faire sont le printemps dans le commencement de la sève, et le mois d'août dans le moment où elle finit. Pour opérer, on enlève, sur les rameaux des arbres à multiplier, un tube d'écorce muni de bons yeux ; on choisit sur le sujet un jeune rameau auquel on enlève un anneau d'écorce de même longueur que le tube, et l'on met celui-ci exactement à la place de l'anneau supprimé. Les autres soins consistent à luter les scissures pour empêcher l'air, l'eau, et les autres corps étrangers de s'introduire dans la plaie. On choisit, pour opérer, un temps doux, sans

pluie ni hâle, et le moment où le soleil ne darde
pas avec beaucoup de force ses rayons desséchants.
Dès que les yeux de la greffe commencent à pousser, on abat rigoureusement tous les bourgeons qui
croissent au dessous, et l'on coupe le sujet au dessus
du dernier œil du tube. Elles sont très solides
et ne sont pas sujettes à être décollées par le vent.)

61. ** *Greffe en flûte en anneau*. Greffe Jefferson,
de Thouin. *Pl. 1, fig. 11*.

a, plaie faite au sujet; *b*, anneau d'écorce muni d'un œil.

On choisit sur l'arbre que l'on veut multiplier
une branche aussi grosse, ou plus grosse, que le sujet que l'on veut greffer. Avec la serpette on cerne
l'écorce au dessus et au dessous d'un œil, en forme
d'anneau que l'on détache en le fendant perpendiculairement sur un de ses côtés, et en le soulevant
avec la spatule du greffoir. On fait ensuite la même
opération au sujet, c'est-à-dire qu'on détache sur sa
tige, de la même manière, un anneau exactement
de la même largeur d'écorce, mais sans s'embarrasser s'il a des yeux ou non. On rapporte à sa place
l'anneau enlevé sur la branche de la variété que l'on
veut multiplier, avec l'extrême précaution de bien
faire joindre les libers en haut et en bas. On ne fait
aucune ligature, mais on recouvre le tout avec l'onguent de Saint-Fiacre ou la cire à greffer. On n'abat
ni les branches ni la tête du sujet, que quand
la reprise est opérée.

Les deux époques les plus favorables pour faire

ce genre de greffe sont : le moment de la plus grande
sève du printemps, et la fin de celle du mois
d'août.

Cette greffe a l'avantage de ne jamais mutiler le
sujet, parce que, si elle ne végète pas, l'écorce de
l'anneau reste en place, et tient lieu de celle qu'on
lui a enlevée. Non seulement elle est propre à la
multiplication des noyers, mais encore à celle de
tous les arbres rares à bois dur, tels que les chênes
et les châtaigniers d'Amérique.

62. ** *Greffe en flûte par juxta-position*, ou en
sifflet. Greffe sifflet, de Thouin. *Pl.* 1, *fig.* 12.

a, plaie faite au sujet ; *b*, tuyau d'écorce.

On coupe la tête du sujet à greffer, et l'on enlève à l'extrémité un tuyau d'écorce de 4 à 12 centimètres de long. On choisit sur l'arbre que l'on
veut multiplier une branche exactement de la même
grosseur que le sujet, et l'on enlève par le gros bout
un anneau ou tuyau d'écorce un peu moins long
que celui du sujet, mais muni de deux ou trois bons
yeux ; on l'ajuste sur le sujet à la place de celui que
l'on a ôté, et l'on a soin de faire joindre les écorces
par le bas. En fendant dans tous les sens le surplus
du bois du sujet qui dépasse l'anneau de la greffe,
on le réduit pour ainsi dire en charpie, que l'on rabat de chaque côté de la greffe pour la maintenir, et avec la cire à greffer on lute toutes les scissures.

Cette méthode est presque uniquement employée, dans la plus grande partie des provinces de la France, pour greffer les noyers, châtaigniers, mûriers, figuiers, et autres arbres fruitiers à écorce épaisse et moelle abondante ; on s'en sert même pour les arbres à pepins et à noyaux.

Greffe du châtaignier.

Cet arbre peut se greffer en écusson à œil poussant lorsque la sève est montée, mais on est plus sûr de réussir en employant les greffes suivantes, et surtout la première.

63. ** *Greffe en flûte ordinaire. Pl.* 1, *fig.* 13.

a, sujet dépouillé de son écorce ; *b, b, b, b,* lanières d'écorce ; *c,* tuyau ; *f, f,* lanières relevées et appliquées au moyen de la ligature *g* ; *h,* un des yeux du tuyau ; *d,* amputation en biseau.

On coupe la tête du sujet ; mais, au lieu d'enlever un tuyau d'écorce, comme dans la précédente, on la fend longitudinalement en quatre ou cinq lanières de 6 à 8 centimètres de longueur. On enlève, sur une branche de l'arbre à multiplier, un tuyau un peu plus court que les lanières, mais plus long que dans la greffe en sifflet, et muni de quatre ou cinq yeux. On détache les lanières du sujet, et on les renverse vers la terre pendant qu'on introduit le tuyau ; puis on les relève sur la greffe qu'elles dépassent, et on les fixe au sommet de la

tige dépouillée d'écorce par le moyen d'une ligature.
On doit observer qu'elles ne couvrent aucun des
yeux. Alors on applique la cire à greffer sur toutes
les scissures.

Cette méthode sert aux mêmes usages que la précédente greffe, et se trouve presqu'aussi généralement employée.

64. * *Greffe en flûte fendue.* *Pl.* 1, *fig.* 11.

a, sujet dépouillé d'un anneau d'écorce ; *b*, tuyau fendu
de la greffe.

Celle-ci se fait absolument comme les précédentes, à une seule différence près. Si l'on n'avait, pour
lever le tuyau de la greffe, qu'une branche plus
grosse que le sujet, on fendrait longitudinalement
le tuyau sur un de ses côtés avant de le lever ; puis
on le rapporterait sur le sujet, en l'appliquant sur
toute sa circonférence ; et, rapprochant les deux côtés, on verrait de suite de combien il se trouverait
plus large, et on enlèverait une lanière de manière
à le rendre très juste, et à lui faire envelopper la
tige en même temps que ses deux bords se réuni-
raient exactement. On ferait une ligature peu serrée, mais cependant assez pour maintenir la greffe ;
et du reste on la terminerait comme les précédentes.

Moins employée que les autres, parce qu'on
ne s'en sert qu'au besoin, elle est propre aux mêmes usages.

65. * *Greffe en flûte fendue avec lanière.*

Elle est la contre-partie de la précédente. Lorsque
la branche qui doit fournir la greffe est plus petite que la tige qui doit la recevoir, on fend le tuyau
comme nous venons de dire, et on l'applique sur
le sujet. L'espace découvert d'un côté se trouve
rempli avec une des lanières de l'écorce du sujet
que l'on a taillée à cette intention dans une largeur proportionnée au besoin, et que l'on n'a pas
décollée de dessus l'aubier pour la renverser avec
les autres. Elle se termine comme la précédente, et
sert aux mêmes usages.

66. *Greffe par approche de plusieurs tiges écorcées.*
Greffe Magon, de Thouin. *Pl. 5, fig. 4.*

On ouvre une fosse dans laquelle on plante plusieurs jeunes sujets de même grandeur et grosseur,
et surtout de même variété. Lorsqu'ils sont parfaitement repris, on les écorce d'un côté, en regard
les uns des autres, dans toute la longueur de leur
tige; on les rapproche de manière à ce que leurs
plaies se recouvrent les unes et les autres, et à ne
former qu'une seule tige, et on les maintient solidement en position au moyen d'une ligature avec des
lanières d'écorce fraîche.

On assure que cette greffe augmente considérablement le volume et la vigueur de l'arbre, ainsi que
la quantité de ses fruits. On cite pour exemple les
fameux châtaigniers du mont Etna et les antiques
oliviers d'Espagne.

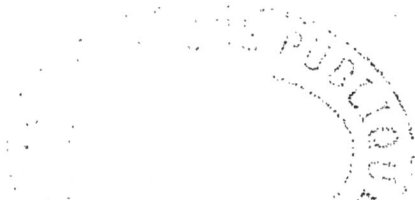

Greffe de l'olivier.

On peut greffer cet arbre de la manière précédente, par la greffe de côté en cheville (n° 32), en écusson, et de la manière suivante :

67. *Greffe en écusson carré.* Greffe Aristote, de Thouin. *Pl.* 1, *fig.* 8.

a, plaie du sujet ; *b*, lanière rabaissée ; *c*, écusson ; *d*, l'écusson placé et la lanière relevée.

On fait au sujet trois incisions, une transversale, et les deux autres longitudinales, commençant de chaque côté de celle horizontale, et descendant parallèlement jusqu'à 9 à 11 millimètres. Elles seront écartées de 6 à 7 millimètres, et représenteront un carré long auquel manquerait la ligne d'en bas. On soulève cette lanière carrée, et on la rabaisse sur le sujet. On taille, sur un rameau de l'arbre que l'on veut multiplier, un écusson carré, muni d'un bon œil, exactement de la même grandeur que la plaque du sujet, et on l'applique sur la plaie qu'il doit recouvrir avec la plus grande justesse. Cela fait, on relève la lanière d'écorce du sujet, on en recouvre l'écusson jusqu'au dessous de son œil, on lute les scissures avec la cire à greffer, et on lie le tout comme les autres greffes en écusson.

Il paraît que cette greffe était fort employée au-

trefois, et qu'elle réussissait parfaitement; mais,
comme elle est un peu minutieuse dans son exécution, et qu'elle prend beaucoup de temps, on y a
presque entièrement renoncé; nous la recomman-
dons néanmoins comme une des plus avantageu-
ses.

68. *Greffe par approche sur racine disgénère.*
Greffe Columelle, de Thouin.

Au pied d'un olivier on plante un jeune figuier;
et, lorsqu'il est parfaitement repris, on le déterre
jusque sur ses racines, et l'on coupe sa tige au collet. On pratique sur l'aire de la coupe une entaille triangulaire, que l'on continue assez profon-
dément par une fente. On baisse sur cette souche
une branche de l'olivier, dont l'extrémité taillée en
coin s'enfonce de la moitié de son épaisseur dans la
coupe du sujet. On la maintient par une ligature en écorce, si la chose est nécessaire, et l'on recouvre de terre.

On croyait autrefois, et Columelle pensait prouver
par cette greffe, que tous les arbres, même de nature
absolument différente, pouvaient, avec de certaines
précautions, reprendre étant greffés les uns sur les
autres. Mais cette expérience prouve seulement ce
que l'on savait déjà, que l'olivier reprend facilement
de marcotte; car la greffe ne réussit que parce qu'elle
est enterrée, et qu'elle pousse des racines qui la
nourrissent. Aussi n'avons-nous mentionné cette méthode que pour relever une erreur encore assez ac-

créditée parmi les amateurs et les agriculteurs peu
versés dans la physiologie végétale.

Greffes de l'oranger.

Cet arbre, intéressant par sa beauté, la douce
odeur de ses fleurs, et la qualité délicieuse de ses
fruits, a dû fixer de tout temps l'attention des cultivateurs. Aussi l'a-t-on soumis à un grand nombre
d'expériences, pour s'assurer de la culture qui lui
convient le mieux et des moyens les plus sûrs pour
multiplier ses nombreuses variétés. Il en est résulté
l'invention d'un assez grand nombre de greffes qui
lui sont propres, outre les greffes en approche, en
fente et en écusson, qui lui conviennent plus ou
moins ainsi qu'aux autres arbres fruitiers.

(X. GREFFES EN RAMILLE. Elles diffèrent des
greffes en fente ordinaires, en ce que le rameau que
l'on implante sur le sujet doit être garni de feuilles,
de boutons à fleur, et même de jeunes fruits. On ne
peut s'assurer de leur réussite qu'en les faisant au
moment de la plus grande activité de la première
sève, et avec des précautions particulières que nous
allons énumérer à leurs articles respectifs. Elles ont
sur toutes les autres l'avantage de produire du fruit
avec une promptitude surprenante ; par exemple,
il est facile de semer un pepin, de greffer la tige
qu'il produit, et d'en obtenir des fleurs et des fruits,
le tout dans l'espace de quelques mois, et, avec certitude, avant que l'année soit révolue ; mais aussi

elles sont moins durables que les autres, et d'une reprise moins aisée. Elles demandent des soins plus ou moins assujétissants pour régler le degré de chaleur, la lumière, les arrosements, et même la quantité d'air qu'elles exigent absolument.)

69.* *Greffe en ramille pour les orangers*, 1re *sorte.* Greffe Huard, de Thouin. *Pl.* 3 *fig.* 5.

b, entaille triangulaire du sujet ; *a*, insertion de la greffe.

On l'exécute sur un sujet de huit mois à trois ans, ou même beaucoup plus jeune s'il est assez fort. On coupe sa tête, et on fait sur l'un des côtés de sa tige une entaille triangulaire, prolongée longitudinalement de 9 à 12 millimètres. On choisit un rameau garni de ses feuilles, de boutons à fleurs et de fruits naissants : on le taille par le gros bout en pointe triangulaire, à laquelle on laisse l'écorce d'un côté, et on l'ajuste dans l'entaille de manière à ce qu'elle la remplisse exactement, sans laisser paraître la moindre partie de bois du sujet ni de la greffe. On porte le pot dans lequel est le sujet sur une couche tiède recouverte d'un châssis, et ombragée pendant les premiers jours. On peut remplacer très avantageusement le châssis par la bâche ou la serre chaude avec couche de tannée, et alors on étouffe la greffe, pendant quelques jours, avec un entonnoir en verre dont on la couvre jusqu'à ce qu'elle ait donné les premiers signes de végétation ; on bouche la petite ouverture de l'entonnoir avec un tampon de papier

5.

que l'on ôte quelque temps avant d'enlever l'entonnoir, afin d'accoutumer peu à peu le végétal à l'air
libre.

Cette méthode, propre à faire produire des fruits à
de très jeunes sujets d'orangers, convient également
pour la multiplication des arbres exotiques à
feuilles persistantes, des climats les plus brûlants,
que l'on cultive ici en serre chaude.

70. * *Greffe en ramille pour les orangers*, 2ᵉ *sorte.*
Greffe Riedlé, de Thouin. *Pl.* 3 *fig.* 6.

On la fait à peu près de la même manière que la
précédente, à ces différences près que l'on pratique
une entaille triangulaire sur l'aire de la coupe
du sujet, et qu'on laisse deux retraites, une de chaque côté. On taille le rameau en coin, en laissant
un cran de chaque côté, pour appuyer sur les retraites du sujet. On ajuste la greffe en faisant coïncider
les écorces comme dans la précédente, et on la soumet à un traitement semblable jusqu'à sa parfaite
reprise.

Elle est propre aux mêmes usages, mais elle a de
plus l'avantage de pouvoir être employée pour les
arbres fruitiers.

71. * *Greffe en ramille pour les orangers*, 3ᵉ *sorte;*
ou *greffe à talon, en pied de biche.* Greffe Col-
lignon, de Thouin. *Pl.* 2, *fig.* 5.

a, le sujet; *b*, hoche du sujet et dent de la greffe; *c*, la
languette.

On taille l'extrémité d'un rameau en languette très prolongée, et l'on ménage au dessus de la languette une espèce de dent en forme de coin très court. On coupe la tête du sujet, et l'on fait une hoche, ou cran entaillé, sur le bord de l'aire de sa coupe ; devant ce cran on enlève sur la tige une lanière d'écorce de même dimension que la languette de la greffe, et on réunit les deux plaies en faisant entrer la dent du rameau dans la hoche du sujet, et appliquant exactement sa languette sur la partie où on a enlevé la lanière. On fait la ligature comme pour les précédentes, on lute les scissures avec la cire à greffer, et l'on soumet le végétal au même traitement.

Elle s'emploie comme les autres. et convient particulièrement à la multiplication des houx, myrtes et lauriers.

72. *Greffe en ramille pour les orangers, 4ᵉ sorte ; ou greffe à la Daphné. Greffe Riché, de Thouin. Pl. 3, fig. 7.*

a, cran dans lequel entre la base du biseau.

Elle est presque semblable à la précédente ; cependant elle en diffère en ce que la languette du rameau, un peu plus épaisse que pour l'autre, est aiguisée en biseau à son extrémité. A la base de là plaie faite à la tige du sujet pour enlever la lanière, on fait un cran entaillé pour recevoir le biseau de la greffe. On ajuste, on fait la ligature, et on conduit de la même manière.

Cette greffe s'emploie particulièrement sur les sujets minces et fluets. Elle convient très bien aux arbrisseaux délicats dont les tiges sont à peine ligneuses, tels que la plupart des daphnés, et sa reprise est tellement complète qu'on peut se servir de rameaux en fleurs sans faire avorter les fruits qu'ils doivent produire.

73. * *Greffe en ramille pour les orangers, 5ᵉ sorte.* *Pl.* 5, *fig.* 10.

a, base triangulaire de la ramille; *b*, sujet taillé en biseau.

On plante, dans un même pot et le plus rapprochés possible les uns des autres, trois ou quatre jeunes sujets. On leur coupe la tête au même niveau, et on les entaille au sommet de la tige en biseau long. On choisit une ramille un peu plus grosse qu'un des sujets, et l'on taille sa base en pointe de la même longueur que les biseaux, et triangulaire s'il y a trois sujets, carrée s'il y en a quatre, ou enfin offrant autant de pans qu'il y a de tiges. On ajuste les biseaux des sujets sur les pans de la greffe, de manière à ce qu'ils recouvrent entièrement la plaie de sa base, que les écorces de la greffe et des sujets coïncident parfaitement au sommet de la greffe, et les écorces des sujets les unes avec les autres sur leur coupe longitudinale. On fait une ligature so-

lide, et on couvre l'appareil avec la cire à greffer ;
après quoi on met le tout sur couche tiède et sous
verre, jusqu'à parfaite reprise.

Cette greffe fort curieuse forme des arbres très
pittoresques parce que l'on peut tresser les jeunes tiges avant de faire l'opération. Outre cela elle fournit
des têtes très vigoureuses, et d'autant plus belles
qu'elles sont nourries par plusieurs appareils complets de racines.

74. * *Greffe en écusson dénué de bois.* Greffe Poe-
derlé, de Thouin. *Pl. 1, fig. 3.*

a, incision ; *b,* écusson.

On la fait absolument comme les greffes en écus-
son ordinaire (n°s 1, 2, 3); seulement, au lieu de
laisser une portion de bois dans l'écusson, on l'enlève avec la pointe du greffoir, de manière à ne laisser que la plus petite partie possible d'aubier, précisément sous l'œil, afin de ne pas enlever son
gemme. On la pose, on fait la ligature, et on conduit
comme les autres de son genre.

Outre qu'elle convient très bien aux orangers, elle
est encore propre à greffer les arbres à bois dur,
tels que les myrtes, les houx, et autres végétaux
exotiques ayant de l'analogie avec ceux-ci. On la
fait à volonté, à œil poussant ou à œil dormant.

75. * *Greffe en écusson renversé.* Greffe Schnee-
woogt, de Thouin. *Pl. 1, fig. 5.*

a, l'incision ; *b,* l'écusson.

On enlève l'écusson en forme de triangle, comme
pour la précédente ; mais, au lieu d'en tailler la
pointe au dessous de l'œil, on la taille au dessus.
On conçoit que l'incision de l'écorce du sujet doit
être renversée de la même manière, c'est-à-dire,
qu'au lieu d'avoir la forme d'un T droit, elle aura
celle d'un ⱅ renversé. Pour cela on fait l'incision
longitudinale au dessus de la transversale, au lieu
de la faire en dessous. Du reste, elle se termine de
la même manière que les précédentes.

Cette greffe est presque la seule employée dans le
midi, surtout à Gênes et à Hyères, pour multiplier
les orangers ; et tous ceux que le commerce de ces
pays-là nous envoie sont traités de cette manière.
Elle est en outre propre à la multiplication des arbres dont la sève est abondante et gommeuse ; et
nous croyons qu'on pourrait l'employer pour assurer la reprise des écussons sur les arbres résineux.

Ici se borne la nomenclature des greffes les plus
en usage pour la multiplication des arbres fruitiers.
Dans la nomenclature des sections suivantes on en
trouvera quelques-unes qu'on pourra leur appliquer
dans de certaines circonstances, comme on pourra
donner aux arbres d'ornement et à ceux forestiers la
plupart des premières, selon que l'occasion s'en pré-
sentera.

DEUXIÈME SECTION.

GREFFES DES ARBRES FORESTIERS.

Pour multiplier les arbres forestiers, on pourrait, dans le plus grand nombre de cas, employer les greffes en fente, en approche, et en écusson, en usage pour la multiplication des arbres à fruits; mais comme un arbre est toujours plus grand, plus vigoureux, quand il est franc de pied, et que c'est particulièrement ces qualités que l'on recherche dans ceux qui peuplent les forêts, et non pas la rareté des variétés, on n'en fera que peu d'usage. Soit pour garnir un parc orné, et produire des effets pittoresques, soit pour se procurer des bois que la nature doit commencer à façonner, afin de les rendre propres à être utilisés dans les arts ou dans de certaines constructions, on est obligé de greffer par des méthodes particulières, et c'est de ces différentes greffes dont nous allons nous occuper dans cette section.

Greffes des arbres résineux.

(XI. GREFFES HERBACÉES. Depuis longtemps nous faisions des expériences sur les greffes herbacées, et nous nous en servions avec beaucoup d'avantage dans notre établissement, lorsque M. le baron Tschudy publia, à Metz, son excellent *Mémoire* sur cette matière intéressante (1). Nous nous plaisons à rendre justice à cet homme estimable; quoiqu'il ne soit pas l'auteur de cette découverte (comme le dit l'*Horticulteur français*, qui cependant a dû en voir chez nous longtemps avant que M. Tschudy en ait parlé), il lui a donné beaucoup plus d'extension que nous, en les pratiquant sur des plantes potagères. Nous en avons toujours restreint l'usage aux arbres résineux et aux plantes grasses, ce qui a engagé M. Thouin à donner notre nom à une greffe de cette espèce. (Voyez son *Mémoire* déjà cité, page 49.)

Quoi qu'il en soit, les greffes herbacées appartiennent à la division des greffes en fente; la seule différence qu'elles présentent, c'est qu'au lieu de les faire avec un rameau de la pousse précédente ou plus vieux, on se sert d'un bourgeon développé au quart ou au tiers, et ayant encore toute la mollesse que lui donne sa nature herbacée; lorsqu'il est devenu ligneux, il n'est plus propre à la reprise. On doit l'insérer dans une entaille faite sur un rameau de même grosseur, de même nature, et ayant atteint le même degré de développement. Comme ni l'un ni l'autre ne sont encore munis d'écorce, et que la

(1) Il est imprimé à la suite de cette monographie.

circulation de la sève se fait dans des vaisseaux qui remplissent toute leur épaisseur, il faut autant que possible établir de la correspondance entre ces vaisseaux, et placer la greffe près d'un bouton ou une feuille qui y attire la sève jusqu'à ce que la reprise soit opérée, après quoi on peut les abattre. Il n'est pas besoin de dire que cette espèce de greffe ne doit se faire que pendant le plus grand travail de la sève, puisqu'à toute autre époque elle est impraticable.)

76.* *Greffe herbacée des arbres résineux.* Greffes des Unitiges, de Tschudy. *Pl.* 5, *fig.* 11.

b, un bourgeon de l'année ; *a*, insertion de la greffe.

Lorsque le bourgeon terminal d'un arbre vert, tel que pin, sapin, mélèze, araucarier, etc., a atteint 6 à 8 centimètres environ de longueur, on le coupe et on le taille en coin à sa base ; on coupe le sujet au dessous du bourgeon de l'année, et l'on fait sur l'aire de la coupe une entaille triangulaire et assez profonde. On insère la greffe dans l'entaille du sujet de manière à la remplir exactement. Ensuite on fait une ligature très peu serrée, et que l'on a grand soin de desserrer encore lorsque la reprise est opérée, ce que l'on reconnaît à la végétation de la greffe ; ou mieux, on la maintient avec de la cire à greffer dans laquelle on a mis beaucoup de cire et de suif pour la rendre plus molle, et lui donner la faculté de s'é-

tendre à mesure que la tige augmente en épaisseur.
On la recouvre d'un petit cornet de papier pour la
préserver, jusqu'à parfaite reprise, du contact de
l'air et de la lumière.

Cette greffe a sur toutes les autres l'avantage
d'être extrêmement solide; la raison en est qu'elle
se soude au sujet par toutes les fibres du bois, au
lieu que les autres ne tiennent que par l'écorce et
quelques couches d'aubier. On peut l'effectuer non
seulement sur les arbres verts, mais encore sur
tous les végétaux, arbres ou herbes, qui poussent
une tige verticale et principale.

77.* *Greffe par approche en langue.* Greffe Aiton,
de Thouin. *Pl.* 5, *fig.* 12.

On plante ou on sème dans des pots les sujets
d'arbres verts que l'on veut greffer. Lorsqu'ils ont
atteint la hauteur convenable, on les approche de
l'arbre dont on veut multiplier l'espèce. On fait à la
tige du sujet une plaie longitudinale jusqu'à l'aubier, ainsi qu'à la branche ou au rameau à greffer;
et l'on ménage, si l'on veut, une agrafe dans le milieu par le moyen d'un cran saillant et d'une hoche
pour le recevoir. Lorsque les deux plaies se recouvrent parfaitement, on fait la ligature comme dans
la greffe en approche ordinaire, et l'on fixe le pot
solidement, afin qu'on ne puisse pas le déranger et
décoller les parties en arrosant ou en cultivant
sa terre.

Elle est avantageuse pour multiplier les espèces

précieuses d'arbres résineux, et ceux à feuillage per-
sistant. On s'en sert encore pour enter les arbres à
feuilles permanentes sur ceux à feuilles caduques,
dont la reprise est difficile.

78. *Greffe en écusson d'arbres résineux.* Greffe Ma-
gneville, de Thouin. *Pl.* 1, *fig.* 6.

a, l'incision avec une plaie triangulaire ; *b*, l'écusson avec
la pointe angulaire sur laquelle le bouton est placé.

On fait sur la tige d'un jeune sujet une incision
en T, comme pour une greffe ordinaire en écusson,
et l'on établit, à 5 ou 6 millimètres au dessus de la
barre supérieure du T, une double incision en forme
de chevron brisé, qui coupe l'écorce dans la largeur de 3 millimètres à peu près, et jusqu'à l'aubier. On enlève, sur l'arbre à multiplier, un bourgeon de 25 à 30 millimètres de longueur, garni d'é-
corce comme un écusson ordinaire ; on l'introduit
dans la plaie après avoir soulevé les écorces avec la
spatule du greffoir, et l'on fait une ligature. Il en
résulte que l'œil se trouve placé au dessus de la
barre du T, et qu'il risque moins d'être noyé par la
sève.

Cette greffe réussit bien non seulement sur les
arbres résineux, mais encore sur ceux à sève gommeuse ou très abondante.

On peut encore employer avec assez d'avantage,
pour les arbres résineux, la greffe de côté en couronne, n° 30.

*Greffes des arbres forestiers, pour les rendre propres
à être employés dans les arts ou dans les constructions navales.*

79. *Greffe par approche de branches sur le sujet
qui les fournit.* Greffe Michaux, de Thouin. *Pl.* 4,
fig. 3.

a, incision en T, recevant l'extrémité de la branche.

On choisit les branches les plus longues d'un arbre, on les courbe en portion de cercle, et avec précaution pour ne pas les briser, de manière à faire
toucher leur sommet à la tige du sujet. On taille
l'extrémité en bec de flûte, et on l'introduit dans une
incision en T, faite dans l'écorce de la tige comme
pour la greffe en écusson renversé. On fait une
ligature pour l'établir solidement, et on lute les
scissures avec la cire à greffer.

On obtient par ce moyen des courbes propres
aux arts et à la marine, et on produit des effets pittoresques dans les jardins.

80.* *Greffe par approche sur tronc.* Greffe Syl-
vain, de Thouin. *Pl.* 4, *fig.* 8.

a, a, les deux sujets; b, l'un des deux avec son entaille en e.

On plante l'un auprès de l'autre deux jeunes arbres dont les tiges sont droites et élevées. On les
courbe l'un sur l'autre, et on fait sur les tiges, au
point où elles se rencontrent et se croisent, deux en-

tailles transversales ou un peu obliques, pénétrant jusque sur l'étui médullaire ; on les ajuste l'une dans l'autre en faisant coïncider les écorces le mieux possible, et l'on maintient solidement l'appareil au moyen d'une large ligature. L'opération doit être pratiquée aussi près que possible des deux têtes, afin de les rapprocher de manière à n'en plus former qu'une.

Elle est propre à fournir des bois anguleux, à former des cadres rustiques d'une seule pièce pour les portes des habitations champêtres, et à produire, dans les jardins paysagers, des effets très pittoresques.

81.* *Greffe par approche par accolement de troncs.* Greffe Hymen de Thouin. *Pl.* 4, *fig.* 9.

a, a, têtes des deux sujets, réunies par la greffe, en b.

Elle se fait à peu près comme la précédente ; mais au lieu de croiser les tiges des jeunes arbres, on les rapproche parallèlement. On fait deux entailles longitudinales et en regard, pénétrant jusqu'à l'étui médullaire, et on les réunit de manière à couvrir l'une par l'autre. Les têtes se trouvent tellement rapprochées qu'elles sont obligées de mêler leur feuillage naturellement, ce qui n'arrive pas dans la précédente ; et les tiges, au lieu de s'arrondir de même, forment, au contraire, au dessous de leur réunion, un angle très aigu. On fait la ligature comme dans les greffes ordinaires par approche.

On s'en sert assez communément pour rapprocher sur un seul individu les deux sèves d'une espèce dioïque, pour fournir aux arts des bois très anguleux, et enfin pour produire des effets très pittoresques dans les jardins paysagers.

82. *Greffe par approche avec quatre esquilles.* Greffe Dumoutier, de Thouin. *Pl.* 4, *fig.* 10.

a, a, a, etc., les esquilles vues séparément sur un des sujets *b*, et réunies sur les deux en *e*.

On rapproche les tiges de deux jeunes arbres, comme dans la greffe précédente ; mais, au lieu de leur faire simplement une entaille longitudinale, on enlève sur chacun d'eux, et à la même hauteur, une pièce d'écorce seulement; on établit sur chaque plaie deux esquilles de bois en sens inverse, c'est-à-dire, dans l'un, l'esquille supérieure tournée la pointe en bas, et l'inférieure la pointe en haut; dans l'autre, l'esquille supérieure tournée la pointe en haut, et l'inférieure la pointe en bas. On les enchâsse les unes entre les autres en les faisant entrer par le côté, et l'on fait la ligature.

Elle convient aux mêmes usages que la précédente ; et, si elle est un peu plus difficile à faire, elle est aussi beaucoup plus solide.

83. *Greffe par approche en bec de plume.* Greffe Vrigny, de Thouin. *Pl.* 4, *fig.* 12.

b, biseau du jeune sujet ; *a*, entaille de l'arbre porte-greffe.

Au pied d'un arbre déjà d'un certain âge on plante un jeune sujet. L'année suivante, lorsqu'il est parfaitement repris, on lui coupe la tête, et l'on taille l'extrémité de sa tige en biseau très prolongé, n'ayant que l'écorce dans le dernier tiers de sa longueur. Dans l'écorce du tronc de l'arbre à greffer on fait une entaille jusqu'à l'aubier, exactement de la même forme et dans les mêmes dimensions que le biseau du sujet, et on l'y applique solidement au moyen d'une ligature.

Cette greffe donne une vigueur extraordinaire à un arbre, parce que, par son moyen, il se trouve alimenté par deux appareils de racines. Elle est encore propre à fournir, avec le temps, du bois anguleux pour la marine, et peut être remplacée par la greffe par approche en écusson (n° 42).

84. *Greffe par approche de gemmes.* Greffe Muséum, de Thouin. *Pl. 4, fig.* 16.

a, a, rameaux terminaux des deux sujets ; *b, b,* réunion des deux portions d'yeux.

On plante deux jeunes arbres à peu de distance l'un de l'autre ; l'année suivante, on fend en deux parties leur bouton terminal, avec la précaution de laisser une portion de gemme dans la moitié que l'on conserve. On enlève une des portions fendues, ainsi qu'une petite lanière d'écorce et de bois en dessous. On rapproche les deux demi-boutons des deux sujets, on les ajuste l'un contre l'autre de ma-

nière à couvrir réciproquement leurs plaies et à ne
plus former qu'un œil. On fait la ligature avec beaucoup de précaution en commençant plus bas que la
greffe et serrant solidement, puis serrant moins à
mesure que l'on monte, enfin ne serrant que suffisamment pour opérer la réunion des deux demi-
boutons lorsqu'on y est parvenu. On recouvre le
tout d'une bonne couche de cire à greffer, excepté
sur l'œil, où on l'applique très légère, et seulement
jusqu'à la hauteur du tiers inférieur.

Elle est plus propre que les autres à réunir d'une
manière très intime deux individus de sexe différent. Elle produit un effet pittoresque dans les jardins, et fournit aux arts des bois anguleux très solides et de formes rares. Son seul inconvénient est
d'être minutieuse et difficile à faire, mais elle reprend avec assez de facilité, comme on a pu s'en assurer au Jardin du Roi, où M. Thouin l'a fait exécuter pour la première fois en juin 1805.

85. *Greffe par approche en arc.* Greffe en arc, de
Thouin.

Comme dans la précédente, on plante deux jeunes sujets à une certaine distance; et, après la reprise, on les courbe l'un sur l'autre en les arrondis-
sant en demi-cercle. On leur coupe la tête, et l'on
réunit les tiges au moyen de deux entailles correspondantes, avec ou sans agrafe, se recouvrant mu-
tuellement, ou par deux biseaux, ou enfin par la
greffe en fente.

Elle fournit des bois courbes pour les constructions navales, et pourrait servir, dans un jardin paysager, à former des ponts vivants d'un effet aussi singulier que pittoresque, surtout si l'on greffait les branches latérales en losanges, pour faire une grille naturelle qui remplacerait le plancher. Nous supposons pour cela que l'on aurait établi deux arcs parallèles, et que la grille serait formée avec les rameaux latéraux qui croîtraient entre les deux arcs.

Greffe des arbres à feuilles persistantes et à bois dur.

Celle-ci peut être remplacée par la greffe en approche ordinaire, même assez souvent par la greffe en fente ou en écusson, mais avec beaucoup moins de chances de succès.

86. * *Greffe par approche d'un rameau latéral sur tige.* Greffe Varon, de Thouin. *Pl. 5, fig. 13.*

a, insertion de la greffe; *b*, son entaille en coin; *c*, entaille triangulaire du sujet.

On élève de jeunes sujets en pots; et, lorsqu'ils ont atteint une grosseur convenable, on leur coupe la tête. On fait sur l'aire de la coupe une entaille triangulaire, et dans le fond une fente coupant le sujet dans tout son diamètre. On approche le pot de l'arbre sur lequel on doit prendre la greffe, et l'on choisit un rameau convenable. On l'entaille dans la moitié de son épaisseur en forme de coin, et l'on

6

fait entrer la moitié entaillée dans la coupe du sujet, de manière à représenter une greffe en fente
ajustée sur son côté seulement. On fait une ligature,
et on lute avec la cire à greffer. Lorsque la reprise
est opérée, on détache le rameau de l'arbre en
le coupant au dessous de la greffe, et on unit
la plaie.

Elle est propre à multiplier les arbres toujours
verts, tels que les cassinés, houx, phyllirea, etc., et
ceux à bois durs, tels que charmes, chênes, hêtres,
et autres analogues.

TROISIÈME SECTION.

GREFFES POUR LES ARBRES ET ARBRISSEAUX D'ORNEMENT.

87. *Greffe par fragment du rameau, sans gemme.*
On l'exécute de la même manière que la greffe en
fente ordinaire ; mais on peut se servir, pour greffer, d'un rameau dépourvu d'œil, comme, par
exemple, le pédoncule d'une rose, dont on aurait
coupé la fleur. On porte l'appareil sur une couche
tiède et sous un châssis ou sous un verre, parce que
la reprise dépend presque entièrement de la priva-

tion d'air et de lumière. La soudure opérée, il se forme bientôt des gemmes, qui se développent en très peu de temps à la manière des autres greffes.

Cette méthode est utile pour multiplier une espèce dont le hasard n'aurait mis entre nos mains qu'une fleur avec son pédoncule.

88. * *Greffe en fente à l'anglaise.* Greffe anglaise, de Thouin. *Pl. 2, fig. 6.*

u, le sujet ; *b*, la greffe ; *c*, esquille de la greffe ; *d*, esquille du sujet.

On coupe la tête d'un jeune sujet en biseau très allongé, et l'on fait une fente dans le milieu de la longueur de la plaie, de manière à former une esquille. On choisit un rameau de l'année précédente, on le coupe sur deux ou trois yeux, et on taille sa base comme la tête du sujet, mais en sens inverse, et on fend la plaie de la même manière pour former une esquille. On ajuste la greffe dans le sujet en faisant entrer les esquilles l'une sur l'autre dans les deux fentes. On fait la ligature, et on lute avec la cire à greffer.

Cette greffe, très solide, est très propre à la multiplication des arbres exotiques et à bois dur.

89. * *Greffe en fente à l'anglaise en langue.* Greffe Miller, de Thouin. *Pl. 2, fig. 5.*

a, le sujet ; *b*, cran du sujet et dent de la greffe ; *c*, base de la greffe taillée en langue d'oiseau.

Elle se fait presque de la même manière que la greffe en ramille pour les orangers, 3ᵉ sorte, nº 71 ; mais, au lieu de choisir une ramille garnie de feuilles et de fleurs, on prend un rameau de l'année précédente, on le taille à sa base en langue d'oiseau surmontée d'un cran saillant ; l'on creuse dans le sujet une hoche correspondante pour le recevoir, on lui fait une plaie longitudinale pour être couverte par la languette, on ajuste et on lie.

Cette greffe convient au plus grand nombre d'espèces d'arbres et arbrisseaux à écorce mince et bois dur.

90. *Greffe en fente à sujet taillé en biseau.* Greffe Bertemboise, de Thouin. *Pl.* 2, *fig.* 2.

On taille le rameau de la greffe en lame de couteau, et on l'introduit dans une fente faite sur l'aire de la coupe du sujet, après lui avoir enlevé la tête. Elle diffère d'une greffe en fente ordinaire, en ce que l'on taille en biseau long la coupe du sujet qui n'est pas recouverte par la base du rameau.

Elle facilite la cicatrisation de la plaie, empêche les bourrelets désagréables, et forme des tiges plus droites, sans défectuosités. Aussi doit-on l'employer toutes les fois que la greffe devra fournir une portion de tige avant de former la tête de l'arbre. C'est surtout dans les arbres d'alignement et d'avenue qu'elle est vraiment utile.

91. *Greffe en fente par juxta-position.* Greffe Kuffner, de Thouin. *Pl.* 2, *fig.* 11.

On choisit un rameau exactement de la même grosseur que le sujet; on le coupe bien net à sa base, puis, à 13 ou 18 millimètres au dessus, on l'entaille transversalement dans la moitié de son épaisseur; on enlève l'éclat, par le moyen d'une fente, sur la moitié du diamètre de l'aire de sa coupe, et l'on unit bien la plaie. On fait au sujet la même opération, mais en sens inverse, et on réunit de manière à ce que ce qui a été supprimé dans l'un se trouve dans l'autre.

Elle est très rarement employée, cependant elle convient assez aux arbrisseaux à écorce mince. Si on n'en fait pas un bien grand usage, c'est qu'elle peut être avantageusement remplacée par d'autres dans toutes les circonstances.

92. *Greffe en fente par juxta-position en biseau.*
Pl. 2, fig. 12.

Elle a beaucoup d'analogie avec la précédente. Il faut de même que les sujets soient exactement de la même grosseur. On coupe la base du rameau et la tige du sujet en langue d'oiseau, et on les fait recouvrir l'un par l'autre. En faisant la ligature, il faut avoir le plus grand soin de ne pas déranger la coïncidence des écorces, ce qui n'est que trop facile.

Aussi peu employée que la précédente, elle est propre aux mêmes usages (1).

(1) M Félix B., membre correspondant de la Société de l'Ain, a publié une notice intitulée de la *Greffe par ap-*

93. *Greffe en fente par juxta-position en biseau et à cran. Pl. 2, fig. 13.*

Même condition de grosseur que dans les précédentes, et même taille en langue d'oiseau ; mais on coupe l'extrémité de la languette de la greffe en biseau, et l'on pratique une entaille au bas de la plaie du sujet pour la recevoir. Si le sujet se trouvait plus fort que le rameau, cette greffe serait encore praticable en laissant une retraite sur l'aire de sa coupe, comme nous l'avons figurée ; mais, pour que les écorces puissent coïncider, il faut que la tige du sujet soit un peu aplatie, ce qui arrive assez souvent dans quelque partie de sa longueur. On ajuste, on fait la ligature ; et, dans ce dernier cas, on couvre avec la cire à greffer.

Elle est peu employée, quoique d'une reprise facile, et très convenable pour les arbustes délicats et en pots.

94. *Greffe en fente par juxta-position avec biseau et dent. Pl. 2, fig. 15.*

Elle se fait à peu près comme la greffe par juxta-plication, qui n'est que le développement de la *greffe en fente par juxta-position en biseau.* Nous approuvons pleinement les utiles observations que cette notice contient, mais nous ne croyons pas le nom heureusement choisi. Il nous paraît en effet convenir à toutes les greffes, car il n'en est pas une qu'on puisse exécuter sans appliquer une partie quelconque d'un végétal sur une autre.

R.

position en biseau.; seulement, au milieu de la longueur de la coupe du sujet, on creuse une hoche dans laquelle vient s'ajuster une dent ou cran saillant, pratiqué au milieu du biseau de la greffe.

Moins employée encore que les précédentes, elle est propre aux mêmes usages.

95. *Greffe en fente à œil dormant.* Greffe Maupas, de Thouin. *Pl.* 4, *fig.* 6.

a, fente du sujet, représentée avec ses lèvres écartées ; *b*, rameau taillé en coin sur un côté, ou plutôt en lame de couteau, pour être inséré en *c*.

A la sève tombante, au mois d'août, on fait à un jeune sujet, sans lui couper la tête, une profonde incision dans l'épaisseur de sa tige, ou plutôt une fente. On choisit un jeune rameau de la pousse de l'année précédente, et on tâche de le trouver ayant une inflexion naturelle, ce qui est mieux, parce que, ajusté, il se trouvera moins serré contre la tige du sujet ; on le taille en lame de couteau, dont on implante le côté tranchant dans la fente ; on fait la ligature, et on recouvre la plaie, surtout le haut de la fente, avec la cire à greffer. Au printemps suivant on supprime toutes les branches et les bourgeons au dessus et au dessous de la greffe, pour déterminer la sève à s'y porter.

On peut encore employer, pour exécuter cette greffe, la méthode de la *Greffe en fente au milieu du bois*, nº 51, et *pl.* 2 *fig.* 16.

Quoique plus en usage que les précédentes, sa pratique est néanmoins très limitée; elle pourrait cependant être employée avec espoir de succès pour la multiplication d'arbres exotiques, mais robustes et de pleine-terre, dont les gemmes seraient écailleux.

96. * *Greffe en fente par entaille triangulaire.* Greffe Lée, de Thouin. *Pl.* 2, *fig.* 4.

a, entaille triangulaire n'atteignant pas le cœur du sujet ; *b*, rameau taillé en pointe triangulaire, vu du côté opposé à l'écorce.

On coupe la tête du sujet, et l'on pratique sur un des côtés une entaille triangulaire et longitudinale. n'atteignant pas l'étui médullaire qui doit rester intact. On taille la base d'un rameau en pointe triangulaire de même proportion que l'entaille du sujet, afin de la remplir le plus exactement possible. On fait la réunion des parties et une ligature.

Cette greffe est généralement employée pour les arbres très jeunes ou délicats, dont on ne doit jamais attaquer la moelle. On s'en sert aussi pour les vieux arbres dont l'écorce durcie offre peu de sève.

97. *Greffe en couronne par enfourchement.* Greffe Dumont, de Thouin. *Pl.* 3, *fig.* 2.

Après avoir coupé la tige d'un jeune sujet, on la taille en forme de coin prolongé, en laissant les écorces de chaque côté. On choisit un rameau de même grosseur, et on entaille sa base par une profonde échancrure triangulaire, de manière à s'enfourcher sur le coin et le recevoir dans toute sa longueur. On unit les deux plaies, on fait une ligature ; ou, si l'on ne craint pas quelque choc, on se contente de couvrir avec la cire à greffer.

On avait indiqué cette méthode pour greffer la vigne entre deux terres ; mais, la greffe ordinaire en fente présentant un résultat aussi et peut-être plus avantageux, celle-ci a été reléguée dans les jardins, où on l'emploie à la multiplication des arbres exotiques greffés sur de très jeunes sujets.

98. * *Greffe à la Varin, en ramille entre l'écorce et le bois.* Greffe Varin, de Thouin. *Pl. 3, fig. 4.*

On coupe la tête du sujet et on soulève l'écorce sur un des côtés de la coupe, après quoi on la fend longitudinalement. On choisit une ramille munie de ses feuilles et de ses boutons à fleurs, on la taille en bec de flûte à sa base, et on ménage une entaille à la naissance de sa partie supérieure pour l'asseoir sur le sujet ; on l'introduit dans l'incision, entre l'écorce et l'aubier, de la même manière qu'une greffe en écusson, et l'on fait la ligature.

Cette greffe se conduit sous cloche et sur couche. Elle convient très bien aux arbres et arbrisseaux exotiques à yeux non couverts d'écailles, ainsi qu'à ceux à bois dur.

99. *Greffe en ramille sur bouture et faite en même temps.*

On choisit une jeune branche bien saine et très

vigoureuse, d'oranger, par exemple ; on coupe son
extrémité, et l'on pratique une fente sur l'aire de sa
coupe, ou sur le côté une entaille triangulaire longitudinale. Dans le premier cas on taille la ramille de la variété que l'on veut multiplier, en lame
de couteau ; dans le second on la taille en pointe
triangulaire. On l'ajuste, on fait la ligature, et on
couvre de cire à greffer.

Cela fait, on taille la base de la jeune branche en
biseau pour empêcher l'action pernicieuse de l'humidité ; on couvre la plaie d'un peu de cire, puis on
fait un trou dans une bonne terre préparée dans un
pot, on jette dans ce trou un peu de sable, toujours
pour empêcher l'humidité ; on recouvre de terre,
et on porte le tout dans une bâche sur une couche
tiède ; on couvre la bouture avec un entonnoir de
verre, et on l'étouffe jusqu'à la reprise : alors on
l'accoutume peu à peu à l'air et à la lumière.

Propre à multiplier les variétés rares et délicates.

100. *Greffe en fente sur racine tenant au sujet.*
Greffe Hall, de Thouin. *Pl. 3, fig.* 12.

On découvre une racine sans la détacher de son
sujet, et on relève de terre son extrémité que l'on
coupe et fend dans le milieu de son diamètre, pour
y établir un rameau de l'avant-dernière sève, à la
manière de la greffe en fente ordinaire, c'est-à-dire
taillé par sa base en lame de couteau ; après quoi on
recouvre de terre.

Cette méthode est très peu employée, parce que

son utilité est très accidentelle. Elle est propre à multiplier des arbres rares qui n'ont pas d'analogues et qui se refusent aux autres moyens de multiplication. On a cru aussi qu'elle pouvait servir de preuve à l'existence de la sève descendante, mais elle prouverait seulement que la sève n'a pas un cours de circulation réglé.

101. *Greffe en couronne sur racine.* Greffe Saussure, de Thouin. *Pl.* 2, *fig.* 10.

On détache une grosse racine près de la souche du sujet ; on relève un peu le gros bout au dessus de la surface du sol, on unit la plaie, et on y établit une ou plusieurs fentes pour recevoir autant de rameaux taillés en lame de couteau, et insérés de la même manière que la greffe en fente ordinaire. On lute avec l'onguent de Saint-Fiacre, et on recouvre de terre.

Propre, comme la précédente, à la multiplication d'arbres rares qui n'ont point d'analogues, elle a l'avantage d'être plus prompte et plus facile à faire, et d'offrir une reprise beaucoup plus sûre.

102. *Greffe en fente sur racines séparées.* Greffe Cels, de Thouin. *Pl.* 3, *fig.* 15.

a, réunion des deux sujets ; *b*, *b*, niveau du sol.

On sépare des racines de leur souche, on les transplante, et on les greffe par la même méthode que la greffe *en fente à l'anglaise en langue*, n° 89.

On a soin de ne les enterrer que jusqu'à l'avant-dernier œil du rameau de la greffe.

Elle fournit le moyen facile de multiplier les végétaux dont on n'a pas d'espèces analogues, et pourrait servir à multiplier plus abondamment et plus sûrement les autres.

103. *Greffe en fente de racines sous le collet des tiges.* Greffe Bourgdorf, de Thouin. *Pl.* 3, *fig.* 13.

a, entaille du sujet, et insertion de la bonne racine *b*.

On déterre le collet de la racine d'un arbre, et l'on pratique une entaille pénétrant à moitié d'épaisseur, un peu au dessus de l'enfourchure des grosses racines, plus haut ou plus bas, selon le cas ordinairement résultant d'une maladie. On choisit à un autre arbre d'espèce analogue une bonne racine, bien saine et bien garnie de chevelu. On la sépare et on la taille en coin à son gros bout, de manière à remplir exactement l'entaille du sujet ; on l'y ajuste, on la maintient au moyen d'une ligature et d'onguent de Saint-Fiacre, et l'on recouvre de terre.

Si un arbre a eu ses racines brisées par un accident, ou détruites par le ver blanc ; si elles sont attaquées d'une maladie dont les progrès menacent de les détruire entièrement en gagnant leur collet, on emploie cette méthode, avec une presque certitude de succès, pour les remplacer par d'autres. Ce moyen peut encore servir à augmenter et à accélérer la végétation d'un individu précieux.

104. *Greffe en fente de racines sur racines.* Greffe Chomel, de Thouin. *Pl.* 3, *fig.* 16.

a, insertion de la racine du sauvageon.

Sans la détacher de sa souche, on lève de terre l'extrémité d'une racine d'arbre, on la coupe transversalement dans un endroit où elle ait au moins la grosseur d'un tuyau de plume, et on la fend dans le milieu de son épaisseur. On prend une racine vigoureuse sur un sauvageon de même espèce, on la taille par son gros bout en bec de flûte, on l'insère dans la fente du sujet à la manière ordinaire, on fait une ligature et l'on recouvre de terre.

On l'emploie pour augmenter la vigueur d'un jeune individu, ou pour remplacer ses racines malades.

105. *Greffe en approche de racines sur des branches tenant à leur arbre.* Greffe Palissy, de Thouin. *Pl.* 3, *fig.* 14.

On choisit une branche jeune et d'une belle venue sur l'arbre que l'on veut multiplier, et l'on fait dans son écorce une entaille, ou simplement une incision en coulisse. On prend sur le même arbre une racine vigoureuse, très garnie de chevelu, et à peu prés de la même grosseur que la branche. On la détache du sujet, on la taille en languette par le gros bout, et on la plante avec précaution dans un pot rempli aux trois quarts de bonne terre. On rapproche le pot de la branche, on ajuste la languette dans l'entaille ou dans la coulisse de son écorce, et l'on fait une ligature, ou l'on couvre de cire à greffer. On achève de remplir le pot de terre, de manière à ce que l'endroit greffé s'en trouve recouvert d'un doigt à peu près; puis, de temps à autre, on arrose pour maintenir l'humidité, mais seulement en quantité suffisante pour entrenenir la vie de la racine. Quand la reprise est opérée, on détache la branche de l'arbre en la coupant près de la greffe.

Cette méthode, peu usitée, peut cependant devenir d'une nécessité indispensable, si l'on veut multiplier un individu exotique rebelle à la bouture et à la marcotte, et dont on ne posséderait pas d'espèces congénères sur lesquelles on puisse le greffer.

106. * *Greffe en écusson par inoculation.* Greffe Xénophon, de Thouin. *Pl. 1, fig. 2.*

a, plaie du sujet; b, œil avec son liseré d'écorce.

Avec la pointe d'un greffoir, ou mieux d'un canif, on cerne un bouton en laissant autour un petit liseré d'écorce, et en enlevant une portion de bois qu'on lui conserve. Sur le sujet à greffer on fait une plaie de la même largeur que celle du bouton et de son liseré, et d'une profondeur égale à la longueur du morceau de bois laissé. On ajuste le tout de manière à ce que l'œil remplisse parfaitement la plaie, et l'on couvre les scissures avec la cire à greffer.

Cette greffe est employée à transporter des boutons à fleurs, d'une place où il y en aurait trop, sur une autre où il en manquerait.

107. *Greffe en écusson sur racines.* Greffe Sickler, de Thouin.

Au printemps, à l'époque où l'on fait les greffes à œil poussant, on découvre les racines d'un arbre, et l'on greffe dessus, en écusson, un œil pris sur ses branches. On laisse la greffe découverte, mais on remet de la terre sur toutes les autres parties. Au printemps de l'année suivante, lorsque la greffe, bien reprise, a poussé un beau jet, on coupe la racine au dessus de la greffe, on l'arrache avec précaution, et on la transplante ailleurs.

On possède, par ce moyen, un individu que l'on n'aurait pu multiplier ni par marcottes ou boutures, ni par la greffe ordinaire, faute d'avoir des sujets propres à la recevoir.

108**. *Greffe en écussons opposés.* Greffe Descemet, de Thouin.

Elle se fait comme les greffes en écusson à œil dormant et à œil poussant; il y a seulement cette différence, qu'au lieu de n'en mettre qu'une sur la tige d'un sujet, on en place ordinairement deux opposées l'une à l'autre, quelquefois trois, ou même davantage, posées en forme de couronne autour de la tige.

Elle a l'avantage d'assurer le succès en multipliant les chances favorables, et elle convient parfaitement pour former de belles têtes aux arbres pleureurs, tels que frênes, robiniers, cytises, etc.

109. *Greffe en écusson couvert.* Greffe Sintard, de Thouin. *Pl.* 1, *fig.* 7.

a, œil poussant par le trou de la plaque ; *b,* plaque percée.

On la fait comme la greffe en écusson ordinaire ; mais, lorsque l'œil est placé, au lieu de faire une ligature, on bouche les scissures avec la cire à greffer ; on enlève sur un autre arbre une plaque d'écorce, on la perce d'un petit trou au milieu, et on l'applique sur la greffe de manière à la recouvrir, excepté le bouton qui se trouve découvert par le trou. On fait une ligature pour maintenir l'appareil.

Cette greffe, beaucoup trop minutieuse, est rejetée de la pratique ordinaire, parce qu'elle peut être remplacée par plusieurs autres avec les mêmes avantages. On l'indiquait comme devant servir aux arbres rares et délicats.

110. *Greffe en écusson par portion d'yeux terminaux.* Greffe Sennebier, de Thouin. *Pl.* 1, *fig.* 9.

c, œil terminal fendu ; *b,* le même, vu par devant ; *a,* son insertion.

On coupe la sommité d'un rameau à la longueur de 12 à 18 millimètres, et on la fend en deux, en partageant l'œil terminal exactement par son milieu. On fait à un sujet une incision en T, et on y insère cette moitié d'œil de la même manière qu'une greffe en écusson. En cas de besoin, on peut partager l'œil terminal en quatre parties égales. On doit greffer à œil poussant, si l'on veut être plus assuré du succès ; cependant cette greffe réussit aussi à œil dormant.

Cette méthode peut être très utile, si l'arbre à multiplier n'offre pas de jeune bois assez fort pour qu'on y puisse enlever un écusson. Elle convient surtout aux arbres rares, à boutons écailleux et à branches opposées.

111. *Greffe en ramille placée en flûte. Pl. 5, fig. 14.*

a, sujet taillé en flûte; b, base de la ramille dépouillée d'écorce, et s'ajustant dans la fente du sujet.

On coupe la tige d'un très jeune sujet, par exemple d'un oranger de trois ou quatre mois, à 6 ou 9 centimètres de terre. On fait dans l'écorce une incision longitudinale de 6 à 8 millimètres ; on détache l'écorce du bois dans toute cette longueur, et on l'écarte ou renverse de manière à pouvoir amputer net le bois avec la pointe d'un canif ou d'un greffoir, précisément à l'endroit où finit l'incision. On prend une ramille de l'espèce à multiplier, exactement de la même grosseur que le sujet; on enlève à sa base un anneau d'écorce de la longueur juste de l'incision du sujet, et on enfonce la partie de bois dépouillée, dans la flûte du sujet, de manière à remplir avec précision la place du bois amputé, et à faire coïncider les écorces.

Cette greffe, d'une exécution facile, s'emploie très avantageusement pour la multiplication prompte des espèces délicates. On l'exécute sur couche tiède, et on la conduit de la même manière que la greffe *en ramille sur bouture*, n° 99.

112. *Greffe en flûte à œil dormant.* Greffe de Pan, de Thouin.

Elle se pratique de la même manière que la greffe *en flûte par juxta-position*, n° 62; mais, au lieu de la faire au printemps, on la fait au mois d'août, et avec des boutons produits par la première sève de la même année, tandis que pour l'autre on choisit des yeux de l'année précédente.

On l'emploie très peu dans la pratique journalière; cependant elle peut être utile à la multiplication des arbres à bois très dur.

113. * *Greffe en flûte et en lanière.* Greffe de Faune, de Thouin. *Pl.* 1, *fig.* 13.

Elle se fait comme la greffe *en flûte ordinaire*, n° 63; mais, lorsque la ligature est faite, on coupe l'écorce et le bois en bec de flûte, au dessus du dernier œil de la greffe, et on lute avec la cire à greffer; en outre, le tuyau à greffer doit porter cinq ou six yeux au moins, ce qui le rend très difficile à détacher.

Cette greffe est excellente pour multiplier des arbres étrangers à bois dur; elle servirait de même pour les arbres fruitiers, si le temps qu'elle fait perdre, et la difficulté qu'on rencontre en la faisant, n'avaient déterminé les jardiniers à l'abandonner pour la remplacer par d'autres.

114.* *Greffe en approche par le moyen de l'eau.*

On coupe sur l'arbre que l'on veut multiplier un rameau de 33 à 50 centimètres de longueur ; on fait à sa partie supérieure une entaille de côté longitudinale, de 12 à 18 millimètres de longueur, au dessous de deux ou trois bons yeux ; on en fait une semblable à la tige d'un sujet, et on unit les parties par le procédé ordinaire de la greffe en approche. Cela fait, on fixe auprès de la tige du sujet un petit vase, une tasse ou une fiole, selon la circonstance ; on le remplit d'eau, et on y fait tremper, jusqu'à la reprise, la base du rameau greffé, afin d'empêcher qu'il ne se dessèche.

Ce procédé est excellent pour greffer en approche deux arbres trop éloignés pour pouvoir réunir leurs rameaux.

115. *Greffe en approche sur bouture.*

On plante une bouture dans un pot ; on pratique une plaie longitudinale sur un des côtés de sa tige, et on approche le pot d'un rameau tenant à l'arbre que l'on veut multiplier ; on fait à ce rameau une plaie semblable à celle de la bouture, on les réunit, on fait la ligature, et on applique la cire. On a soin d'entretenir la terre du pot dans une humidité modérée, mais continue, afin de faciliter la sortie des racines.

Cette greffe fournit le moyen de se procurer, en

très peu de temps, des individus complets des espèces les plus rares et les plus difficiles à multiplier. La greffe et la bouture se prêtent un mutuel secours : la première pour faire percer des racines à une espèce difficile à reprendre en bouture, la seconde pour maintenir l'humidité et la vie jusqu'à ce que la soudure soit opérée. Cette greffe offre la différence avec la greffe en bouture n° 20, que dans celle-ci la bouture devient le sujet, au lieu que dans l'autre elle fournit seulement la greffe.

115 bis. *Greffe en placage*. Cette greffe est plutôt un procédé à l'usage des florimanes que des pépiniéristes. Elle est très employée pour les camélias, les rhododendrons, les azalées et autres plantes de serre tempérée; elle remplace en général presque toutes les greffes dites à la Pontoise, excepté pour les orangers. Elle consiste à enlever sur le sujet qu'on veut multiplier, une petite plaque d'écorce munie de son liber, et quelquefois même d'un peu de bois, et sur le sujet qui doit recevoir la greffe une portion d'écorce et de liber d'une proportion pareille, en laissant à la base de la section une hoche en forme de cran, sur lequel vient se poser la greffe, qu'on amincit convenablement pour qu'elle s'applique parfaitement sur le sujet dans toute son étendue. On la fixe alors avec quelques tours de fil non retors, et on la couvre de cire à greffer. L'opération terminée, on plonge le pot dans une couche tiède, ou dans une bâche chauffée à l'eau chaude, on couvre d'une cloche, et quelques jours après la reprise est complète.

R.

Greffes pour treillages et palissades.

116. *Greffe par approche en berceau.* Thouin.
Pl. 5, fig. 2.

b, b, greffe des tiges des sujets *a, a; c, c, c,* etc., greffe
des branches à leur point de jonction.

On plante de jeunes sujets d'espèces analogues,
sur deux lignes parallèles; on courbe leurs têtes en
berceau, et on les maintient au moyen d'une légère charpente. A mesure que leurs sommets s'allongent et se croisent, on les coupe à leur point de
jonction, et on les greffe par les procédés de la greffe
par approche en arc, n° 85. On dispose les branches
latérales de manière à leur faire former avec leurs
tiges des angles de 45 degrés, et on les greffe par le
procédé de la greffe *par approche sur tronc,* n° 80.

Par ce moyen on met tous les arbres d'une ton-
nelle en communauté de sève, de manière que,
si les racines de quelques-uns viennent à mourir,
les tiges sont nourries par les autres. En outre, les
berceaux sont impénétrables, bien garnis de ver-
dure, et avec le temps fournissent aux arts des bois
courbes d'un grand prix.

117. * *Greffe par approche en losanges.* Thouin.

On plante de jeunes sujets en ligne et à 30 ou
40 centimètres de distance les uns des autres. Lors-

qu'ils sont parfaitement repris, on les incline de manière à former un angle de 40 à 45 degrés, l'un à droite, l'autre à gauche, et on les greffe à tous les points de section, les uns sur les autres, par le procédé de la greffe *en approche sur tronc*, n° 80.

On obtient encore le même résultat par une autre méthode. On plante des jeunes sujets de la même manière que les précédents, mais on les coupe à 20 centimètres de terre, sur deux yeux tournés l'un à droite, l'autre à gauche, dans le sens de la ligne. A mesure que les deux bourgeons croissent, on les palisse en leur faisant former un angle de 45 degrés, et on les greffe par approche, selon le même procédé, à tous leurs points de rencontre. On greffe de nouveau à mesure que les branches s'allongent et se croisent.

Ces deux manières de greffer sont excellentes pour former des haies impénétrables, des palissades, et enfin des clôtures pittoresques pour les jardins paysagers.

QUATRIÈME SECTION.

GREFFES HERBACÉES DES PLANTES VIVACES OU ANNUELLES.

C'est ici que viennent se placer les greffes herbacées de M. de Tschudy, dont nous avons parlé plus haut. Cet habile amateur les a employées sur des plantes potagères, dans l'intention d'augmenter la quantité et la qualité de leurs produits ; mais, la mort l'ayant enlevé à ses utiles travaux, le résultat positif de ses expériences n'a pas été publié, et nous ignorons encore jusqu'à quel point on pourrait en tirer parti pour perfectionner l'horticulture. Nous regrettons que le genre de nos travaux ne nous ait pas permis de suivre nous-même ces expériences, et nous engageons beaucoup les amateurs à s'en occuper.

118. * *Greffe des plantes grasses.* Greffe Noisette, de Thouin. *Pl*, 5, *fig.* 15.

On prend une jeune tige ou une feuille de plante grasse, par exemple d'un cactus ou d'un opuntia, on la taille en biseau à sa base, et on l'implante dans une fente pratiquée sur la tige ou la feuille d'un sujet d'autre espèce, mais du même genre.

M. Thouin, en classant cette greffe dans sa monographie, s'est trompé sur ses résultats, et l'erreur de cet homme, aussi savant en agriculture que respectable par ses vertus privées, vient sans doute de ce que ses jardiniers, en l'exécutant dans les serres du Jardin du Roi, n'ont pas exactement suivi les renseignements qu'ils ont dû venir chercher dans notre établissement. M. Thouin dit : « Les parties insérées vivent et poussent non pas à la manière des greffes, mais bien des plantes parasites. » Cela peut être si, comme il le recommande plus haut, on greffe des crassula et des cotylédons sur des cactus et des opuntia; la raison en est que, ces espèces n'ayant pas assez d'analogie, les greffes, au lieu de se souder, poussent des racines. Mais, lorsque les espèces sont analogues, la soudure s'opère, et la greffe est réelle.

119.* *Greffe sur racines charnues ou tubercules.* *Pl.* 6, *fig.* 1.

a, tubercule; *b*, *b*, les greffes.

Il arrive assez souvent qu'un tubercule de dahlia, se trouvant dépouillé d'yeux, soit par un accident qui aurait brisé le collet de sa tige, soit que la nature lui en ait refusé, malgré tous les soins de l'amateur reste un ou deux ans, et même davantage, sans pousser, et finit par pourrir. Rien n'est facile comme de s'en apercevoir, si l'on visite avec attention son collet, car c'est toujours à cette place que les gemmes sont placés. Dans ce cas, on attend qu'un bouton d'un autre dahlia ait commencé à se développer, on le cerne avec la pointe du greffoir, et on l'enlève en laissant au dessous un petit morceau du tubercule. On fait au collet du tubercule stérile un petit trou dans lequel on enfonce la greffe, mais de manière à ce que la base de l'œil se trouve parfaitement de niveau avec la surface du tubercule, et on lute avec la cire à greffer. On plante ce tubercule dans un pot, avec la précaution de ne point enterrer le collet où est la greffe, et on enfonce le vase

sur une couche chaude et sous châssis. Lorsque
la reprise est parfaite, on dépote avec la motte, et
on plante en pleine terre.

Cette greffe sert à l'usage que nous venons d'indiquer; elle peut s'appliquer aussi à d'autres plantes
tuberculeuses, et principalement aux grandes pivoines. On peut l'employer à multiplier les espèces
précieuses aux dépens de celles qui sont communes.

120. *Greffe sur tige de plantes annuelles ou vivaces. Pl. 6, fig. 2.*

a, tige; *b*, greffe; *c*, son insertion près d'une feuille.

On choisit le moment de la plus grande végétation d'une plante, c'est-à dire, quelques jours avant
sa floraison. On coupe sa tige net, au dessus d'une
feuille, le plus près possible de l'attache de son pétiole, et l'on pratique une fente sur l'aire de la coupe
du sujet. On prend auprès de la racine un bourgeon de l'espèce que l'on veut multiplier, on taille
sa base en biseau, et on l'insère dans la fente du sujet en ménageant bien la feuille, parce que c'est
elle qui doit nourrir le bourgeon, jusqu'à sa parfaite reprise, en y maintenant la circulation de
la sève. On fait une ligature, et on couvre les scissures avec la cire à greffer. Lorsque la reprise est
certaine, ce qui se reconnaît à l'accroissement
qu'elle prend, on défait la ligature, on coupe la
feuille, et l'on abat les bourgeons inférieurs.

7

M. Tschudy greffait ainsi des artichauts sur des chardons, et d'autres plantes sur leurs espèces congénères.

121. *Greffe du melon. Pl. 6, fig. 3.*

a, tige de concombre ayant un fruit; *b,* insertion de la greffe de melon d'eau, avec un jeune fruit *c.*

Sur une tige de concombre, ou d'une autre plante de la famille des cucurbitacées, mais ayant de l'analogie avec le melon, on choisit un endroit vigoureux et muni d'une feuille bien développée. On fait à l'aisselle de cette feuille une entaille oblique à demi-épaisseur. On coupe sur une branche de melon un bourgeon assez développé pour avoir déjà son fruit tout formé, et on le taille en biseau à 6 centimètres au dessous du fruit. On l'insère dans l'entaille du sujet, toujours en ménageant la feuille jusqu'à la reprise parfaite; on fait la ligature, et l'on conduit l'opération comme la précédente.

Cette greffe réussit assez bien; mais a-t-elle un véritable but d'utilité, au moins jusqu'à présent? On peut greffer ainsi des tomates sur des pommes de terre, et autres plantes d'espèces différentes, mais ayant suffisamment d'analogie; et c'est ce que l'expérience seule peut apprendre à reconnaître.

Greffes herbacées pour arbres fruitiers
ou d'ornement.

Nous les plaçons ici, parce que jusqu'à présent

elles ne sont que des objets de curiosité. Si on voulait les regarder comme utiles, on trouverait à leur
comparer un grand nombre d'autres greffes qui rem-
pliraient le même objet, et qui sont en même temps
plus sûres et plus faciles. Elles se font sur des bourgeons pendant que leurs tissus sont encore d'une
nature succulente et herbacée.

122. *Greffe herbacée en rainure pour les omnitiges.*
Pl. 6, fig. 4.

> *a*, rainure du sujet ; *b*, base de la greffe.

M. Tschudy donne le nom d'*omnitiges* aux végétaux dont toutes les branches affectent la même disposition sans qu'aucune paraisse vouloir s'élever
plus verticalement que les autres, et s'emparer
d'une plus grande portion de sève. Dans ce cas,
leur vigueur étant égale, on peut greffer sur toutes
indistinctement.

On coupe l'extrémité d'un bourgeon, à 3 centimètres au moins d'un bouton muni de sa feuille
comme dans les précédentes ; on fait à l'aisselle de
la feuille, à côté du bouton, une incision en rainure
triangulaire, creusée jusque près du milieu de la
tige, et descendant à 3 ou 5 centimètres. On choisit
sur l'arbre à greffer un bourgeon vigoureux, on
taille sa base en pointe triangulaire en laissant intact un des côtés, et on l'insère dans l'incision de
manière à ce que son extrémité se trouve au même
niveau que l'œil du sujet. On fait la ligature et on

applique la cire. Lorsque la greffe pousse, on défait la ligature, on abat le bouton et la feuille du sujet, et l'on retranche les bourgeons inférieurs.

Cette greffe réussit non seulement sur les bourgeons d'arbres, mais encore sur les tiges des plantes annuelles ou vivaces.

123. *Greffe herbacée pour les bourgeons à feuilles opposées. Pl. 6, fig. 5.*

Au milieu de la tige, entre deux yeux opposés, on fait une incision longitudinale et angulaire, traversant la tige de part en part. On taille la greffe en coin à sa base et à son sommet, et on l'insère par le côté, de manière à ce que les deux yeux se trouvent sur le même niveau que ceux du sujet, et forment une verticille avec eux. On fait la ligature, on applique la cire, et l'on conduit jusqu'à la reprise comme pour les précédentes.

Propre aux espèces d'arbres et de plantes annuelles ou vivaces, dont les gemmes sont opposés sur la tige, ce qui arrive plus particulièrement aux végétaux *multitiges*. M. Tschudy donne ce nom à ceux dont les branches centrales, tendant à s'élever plus verticalement que celles latérales, ont aussi plus de vigueur; et c'est sur celles-ci que l'on doit greffer.

CINQUIÈME SECTION.

GREFFES D'EXPÉRIENCE.

Celles-ci ne sont d'aucune utilité dans la pratique habituelle du jardinage, mais elles sont curieuses et d'une exécution amusante, outre qu'elles servent à expliquer quelques phénomènes de physiologie végétale, dont la connaissance peut conduire à des découvertes précieuses pour l'agriculture.

124. *Greffe par approche de branches de plusieurs arbres sur une seule tige.* Greffe égyptienne, de Thouin.

On plante deux jeunes sujets d'arbres fruitiers à un mètre de distance d'un sujet du même genre mais d'espèce ou variété différente. Sur la tige de l'arbre du milieu, on pratique deux plaies longitudinales, correspondant à deux branches des jeunes sujets que l'on y greffe par approche de la manière ordinaire. On ne coupe aucune des autres branches qu'on laisse croître selon leur nature.

On a cru que cette greffe opérait un changement dans la grosseur, la saveur et la couleur des fruits, et même dans la dureté du bois ; mais cette erreur ne mérite plus aujourd'hui la peine d'être réfutée.

125. *Greffe en approche de racines entre elles.* Greffe Malpighi, de Thouin.

On déterre les racines de deux ou plusieurs arbres voisins, on les rapproche les unes des autres, et on les greffe selon le procédé de la greffe *par approche sur tronc*, n° 80, ou *par approche par accolement de tronc*, n° 81. Puis on les remet en place, et on recouvre de terre.

Par ce moyen, on met en communauté de séve les racines de plusieurs arbres, et l'on pensait autrefois que leurs fruits en éprouveraient quelques changements avantageux. On en a reconnu l'erreur.

126. *Greffe par approche de fruits dans leurs boutons.* Greffe Pomone, de Thouin.

Dès leur naissance on rapproche deux embryons de fruits, avant ou aussitôt que les fleurs éclosent, et on les comprime l'un contre l'autre, afin que, ne pouvant s'écarter, ils soient forcés de se souder en grossissant.

Cette greffe, ainsi que la suivante, se rencontre souvent naturellement, produite par un accident ou parce que les fruits ont été gênés dans leur développement par une branche ou une autre cause. On est parvenu à imiter la nature en reproduisant à volonté ces monstruosités remarquables.

127. *Greffe par approche des fruits d'un arbre sur un autre.* Greffe Leberriays, de Thouin.

On rapproche deux arbres d'espèces ou variétés différentes, mais analogues ; par exemple, un oranger et un citronnier ; et, lorsque leurs fruits ont

atteint la cinquième partie ou le quart de leur grosseur, on leur fait deux plaies correspondantes, et
on les réunit; mais il faut avoir le plus grand soin
de ne pas faire pénétrer la coupure jusque dans
les loges qui renferment les graines : ainsi, dans
l'exemple cité , on n'enlevera qu'une légère partie de ce qu'on appelle vulgairement l'écorce du
fruit.

Cette greffe peut encore s'opérer par la simple compression. Pour cela, on rapproche un jeune
fruit tenant à sa branche, du rameau d'un autre
fruit d'espèce analogue ; on réunit les deux fruits,
qui, dans ce cas, doivent être à peine formés, et on
les maintient par un moyen quelconque, de manière à ce qu'ils ne puissent pas se séparer en prenant leur croissance.

Ces deux manières de greffer n'ont aucun but
d'utilité ; aussi ne les fait-on que pour servir d'objet
de curiosité.

128. *Greffe par approche de feuilles et de fleurs.*
Greffe Adanson, de Thouin.

Sur de jeunes tiges encore herbacées, sur des
feuilles, des fleurs ou des fruits, on fait, aux places
que l'on juge les plus convenables, de petites incisions dans lesquelles on introduit de jeunes feuilles
ou des fleurs tenant à leurs pieds. On fait l'opération avec autant de délicatesse que de précision ,
et on maintient avec de la cire à greffer.

La reprise s'effectue rarement; mais, lorsque l'opération réussit, on peut en tirer de très curieuses observations relativement à la physique végétale.

129. *Greffe en fente à rameau inséré sens dessus dessous.* Greffe Lenôtre, de Thouin.

On coupe la tête d'un sujet, et on pratique une fente longitudinale sur l'aire de sa coupe. On choisit un rameau de l'avant-dernière sève ; et, au lieu de le tailler à sa base, on le taille au sommet en lame de couteau , et on l'insère dans la fente , de manière à ce que les yeux se trouvent renversés. On ligature et on couvre avec la cire à greffer.

On croyait anciennement qu'on obtiendrait par ce moyen des arbres pleureurs , mais l'expérience prouve que les rameaux se redressent aussitôt. Une erreur plus importante à signaler, c'est que presque tous les auteurs ont indiqué cette méthode comme devant servir à hâter la fructification. Nous en avons souvent fait l'expérience sans en avoir obtenu d'autres résultats que ceux de la greffe en fente ordinaire. La seule conséquence remarquable qu'on puisse en tirer s'applique à la manière incertaine dont se fait la circulation de la sève dans les végétaux ; aussi n'est-elle de quelque utilité que pour l'étude de la physiologie végétale.

130. *Greffe de côté au moyen d'un plançon.* Greffe Grew, de Thouin.

On choisit une branche de 2 mètres à 2 mètres 33 centimètres de long, on l'aiguise en pointe triangulaire à sa base, et on la taille en bec de flûte à son sommet. On l'enfonce en terre, par sa pointe triangulaire, au pied d'un gros arbre; on fait dans le tronc de celui-ci une entaille pénétrant jusqu'à l'étui médullaire, et on la remplit exactement avec le bec de flûte du plançon.

On croit assez généralement que cette greffe sert à multiplier des arbres qui n'ont pas de congénères sur lesquels on puisse les greffer; et ce qui a donné lieu à cette erreur, c'est que l'on attribue la reprise du plançon à la sève que lui fournit le tronc d'arbre, tandis que réellement ce n'est qu'une reprise de bouture ordinaire. Ainsi les conséquences que l'on en tirait, pour prouver la descente de la sève sur les racines, ne prouvent rien, puisqu'elles sont fausses.

131. *Greffe de trois pièces*. Greffe Muzat, de Thouin. *Pl. 6, fig. 6.*

On choisit une racine vigoureuse, bien saine et munie d'un bon chevelu; on la plante dans un pot rempli aux trois quarts d'une bonne terre appropriée à la nature du végétal. Le gros bout de la racine, qui est saillant hors de terre, se taille en coin. On choisit un rameau d'une espèce congénère, on l'échancre à sa base de manière à l'asseoir ou plutôt à l'enfourcher sur le coin de la racine, et on l'y fixe par le moyen d'une ligature et de la cire à greffer. Cette première greffe terminée, on fend le sommet du rameau dans le milieu de son diamètre. On choisit sur un arbre de même famille une ramille mu-

7.

nie de ses feuilles, de ses boutons à fleurs, et même de jeunes fruits. On la taille à sa base en biseau très prolongé, et on l'ajuste dans la fente du rameau de la même manière que la greffe en fente ordinaire. Lorsque la ligature est faite et la cire posée, on remplit le pot de terre et on le porte sur une couche tiède, dans une bâche ou un châssis; on prive le végétal d'air et d'une lumière trop vive par le moyen d'un entonnoir de verre dépoli, et on ne lui rend l'un et l'autre que peu à peu, lorsqu'on connaît à sa végétation que les deux greffes sont parfaitement reprises.

Cette greffe extrêmement curieuse est peu utile dans l'usage habituel, mais elle sert à l'étude de la physiologie végétale.

132. *Greffe composée en écusson, en approche et en fente.* Greffe Lambert, de Thouin.

On plante à 50 ou 66 centimètres l'un de l'autre, deux sauvageons jeunes et vigoureux. On les greffe en écusson en regard l'un de l'autre avec des gemmes pris sur des arbres dont les fruits seront remarquables par leur saveur et leur parfum. Lorsque les greffes auront poussé deux beaux scions, on les greffera par approche en opérant leur réunion sur une longueur la plus grande possible. Aussitôt que la soudure sera parfaite, on coupera cette nouvelle tige dans l'endroit où la réunion sera le plus intime, on pratiquera sur l'aire de la coupe une fente lon-

gitudinale, et l'on y ajustera un rameau d'une espèce
à fruit insipide et sans aucune saveur.

M. Thouin a proposé ce moyen pour savoir « si le
mélange des sèves et des sucs propres de différents
arbres ne modifierait pas la saveur des fruits, et
n'établirait pas de nouvelles races domestiques, plus
perfectionnées pour la qualité des fruits, que celles
que nous possédons. » L'expérience nous a appris
que la sève du sujet n'influait en rien sur la qualité
des fruits.

133. *Greffe composée de Duhamel.*

On choisit un sujet, jeune et robuste, de poirier
sauvageon. On greffe dessus, en fente ou en écusson, un cognassier ; sur celui-ci une aubépine ; sur
l'aubépine un néflier, et enfin sur le néflier un poirier de bon chrétien.

Cette greffe est proposée par Duhamel pour le
même objet que la précédente ; et, quoique nous
n'en ayons pas fait l'expérience, l'analogie nous fait
présumer, ou plutôt nous donne la certitude que le
résultat n'en serait pas plus avantageux.

134. *Greffe de plantes ligneuses sur racines de*
plantes vivaces. Greffe Nébuleuse, de Thouin.

On déterre le collet de grosses racines de plantes
vivaces, et l'on y place, soit en fente, soit en écusson, des espèces du même genre, mais ligneuses. Si
on a greffé en écusson, on recouvre de terre jusqu'au niveau de la greffe, mais sans l'enterrer ; si
au contraire on a greffé en fente, on enterre la

greffe, et on n'en laisse sortir que deux yeux hors de terre.

Olivier de Serre recommande cette méthode pour se procurer des fleurs d'œillets, de violiers, de passe-roses et passe-velours de différentes couleurs. Nous ne voyons là dedans que des plantes vivaces, et non pas des plantes ligneuses : ainsi donc il serait à peu près impossible de les greffer en écusson ; et, à supposer qu'on y parvînt, nous avons la certitude qu'elles ne reprendraient pas. Quant à la greffe en fente, nous concevons très bien qu'elle peut reprendre, même avec des espèces ligneuses, mais seulement à la manière des boutures ordinaires, c'est-à-dire qu'elle poussera des racines, mais ne se soudera pas. Dans tous les cas, les espèces ou variétés resteront intactes.

135. *Greffe en écusson d'espèces non analogues.* Greffe Butret, de Thouin.

On choisit un sujet à feuilles non persistantes, et l'on greffe dessus une espèce du même genre, mais dont les feuilles ne tombent pas l'hiver ; ou bien on fait servir de sujet le dernier, et l'on place dessus une greffe du premier.

On fait encore cette expérience d'autres manières : 1° sur un sujet dont la végétation est lente et tardive, on en greffe un autre dont la sève se met en mouvement avec activité et de très bonne heure ; 2° sur un individu dont la sève est douce et insipide, on place une greffe dont la sève est âcre et corrosive.

M. Thouin propose ces moyens pour prouver qu'il ne suffit pas de greffer l'un sur l'autre des arbres de même famille, de même genre et de même espèce, pour obtenir une réussite complète dans l'opération; mais qu'il faut encore que les mouvements de la sève, dans son ascension et sa descente, ainsi que les qualités des sucs propres, soient à peu près les mêmes; sans quoi ces greffes mal assorties périssent en peu d'années.

Nous ne sommes pas du tout de l'avis de M. Thouin, et nous pouvons assurer que de certains arbres à feuilles persistantes réussissent très bien sur d'autres à feuilles caduques; nous citerons pour exemple le néflier du Japon sur l'aubépine, le buisson ardent sur le même, les oliviers sur les troènes, etc. Quant à la différence des sèves, on sait que les poires sont délicieuses sur le cognassier, dont les fruits sont d'une âcreté insupportable, et mille fois on greffe avec succès des espèces à sève tardive sur des espèces à sève hâtive, et *vice versâ*.

136. *Greffe de semence en écusson.* Greffe Bonnet, de Thouin.

Cette greffe et la suivante ont été proposées par M. Thouin pour résoudre quelques questions de physiologie végétale, importantes pour l'agriculture; nous allons les extraire textuellement de sa monographie, et donner notre opinion sur les questions proposées.

« Pratiquer dans l'écorce d'un sujet, soit de plante annuelle ou vivace herbacée, soit d'un arbre ou arbuste, abondant en sève, une incision jusqu'à la profondeur des fibres ou des couches ligneuses. Introduire dans cette plaie, soit une semence entière avec ses enveloppes ou dépourvue de ses tuniques, soit privée de ses cotylédons, et réduite à son germe. Recouvrir la plaie d'un emplâtre, et maintenir les parties à leur place, au moyen de ligatures qui ne puissent gêner le développement du germe.

« *Usages.* Pour savoir : 1° si ces germes se déve-» lopperont ? » — Nous croyons que les germes se développeront, mais de la manière ordinaire, c'est-à dire par l'effet de l'humidité, entretenue par la sève, et la végétation ne durera qu'autant de temps que cette humidité ; ils périront lorsque la sève sera passée.

« 2° Si les plantes qui en naîtront vivront à la ma-» nière des parasites ou des fausses parasites ? » — Il est certain que, pendant le peu de temps que végéteraient les germes, leur radicule coulerait entre l'écorce et l'aubier, et pousserait peut-être quelques racines, pour chercher l'humidité sur une plus grande surface. Elles vivraient donc à la façon des fausses parasites.

« 3° Et enfin quelle modification leur feront » éprouver les sujets sur lesquels elles croîtront ? » — Aucune modification, soit qu'elles végètent

comme greffes ou comme parasites. Nous en avons
donné les raisons, pages 15 et suivantes.

137. *Greffe de feuilles en manière d'écusson.*
Greffe Bosc, de Thouin.

« Choisir de jeunes sujets dans le plein de la sève,
et vieux repris dans des pots; faire à leur tige
des incisions en T et proportionnées à la grosseur
des pétioles qu'elles doivent recevoir; prendre sur
des espèces congénères peu en sève, des feuilles au
quart, au tiers, à la moitié de leur grandeur, ou sur
le point d'y arriver; les séparer de leurs arbres
avec leur pédicule dans toute sa longueur, et son
appendice, mais sans gemma; poser ces greffes dans
les incisions faites aux sujets, et placer ceux-ci sur
une couche tiède couverte d'un châssis ombragé, et
sous lequel sera entretenue une atmosphère vapo-
reuse, humide et chaude, pendant la reprise des
greffes.

« *Usages.* Pour savoir : 1° si les feuilles reprendront sur des espèces voisines, ce qui est probable?»
— Elles reprendront avec les mêmes conditions que
demandent les greffes en écusson ordinaire, c'est-à-
dire, sur des sujets analogues.

« 2° Si elles se refuseront sur des sujets disgéné-
res ? » — Il n'y a aucun doute.

« 3° Si ces feuilles produiront dans leurs aisselles
des gemma, comme si elles eussent resté sur leur
pied naturel ? »—Comme nous l'avons dit à l'article
de la greffe sans yeux, n° 87, toutes les parties vi-

vantes des végétaux, l'écorce, les feuilles, les pédon-
cules, les pétales, etc., peuvent avec de certaines
précautions former des gemmes qui se développeront et reproduiront un individu complet de même
espèce. Ainsi donc, il est hors de doute que la feuille
produira, non seulement à son aisselle, mais dans
toutes ses parties, des gemmes susceptibles de développement parfait. L'expérience nous l'a prouvé
plusieurs fois, comme on pourra le voir au chapitre
des boutures. Cependant, dans l'opération de la
greffe, les pédicules seulement, se trouvant dans
les circonstances favorables, formeront des embryons.

« 4º De quelle nature seront les bourgeons qui se
développeront de ces gemma ?» — D'après les principes établis, page 15, les bourgeons ne peuvent
être que de même nature que celle des greffes qui
les auront fournis. Il n'y a pas de raison qui puisse
faire croire qu'un végétal produira des êtres différents de lui, plutôt dans une partie que dans
l'autre.

« 5º Et enfin, si ces gemma existent dans la
graine, et ne font que se développer par l'acte de
la végétation ; ou s'ils sont produits, chaque année,
par les feuilles des végétaux ? » — Nous regardons
cette solution comme absolument inutile à l'agri-
ture : aussi ne nous hasarderons-nous pas à donner
notre opinion. Cette question appartient plutôt à la
philosophie qu'à la matière que nous traitons,

et les philosophes de tous les siècles l'ont agi-
tée tour à tour, sans jamais avoir pu la résoudre.

Ici finit la nomenclature des greffes que nous connaissons et que nous avons presque toutes exécutées
dans notre établissement, soit dans notre pratique
habituelle, soit comme objet d'expérience. Il nous
reste à en présenter le tableau dans l'ordre analyti-
que de leurs affinités ; et c'est ce que nous allons
faire en adoptant le classement de M. Thouin,
comme celui qui nous a paru le plus naturel. Quoique nous ayons décrit trente-cinq greffes de plus
que ce patriarche de l'agriculture, toutes se rappor-
teraient exactement à sa classification, si, à l'époque
de la publication de sa monographie, il eût connu
les greffes herbacées ; mais cette découverte précieuse nous a contraint à changer un peu ses grandes divisions, et à en établir de nouvelles dans
lesquelles viennent naturellement se ranger quelques-unes des siennes.

Nota. Le numéro placé après chaque greffe est celui d'ordre sous lequel on doit la chercher dans les descriptions.

CLASSE PREMIÈRE.

GREFFES LIGNEUSES.

Elles se font avec des parties boiseuses, ou par application
sur bois.

PREMIÈRE SECTION.

Greffes par approche.

PREMIÈRE SÉRIE.

Greffes par approche sur tiges.

DEUXIÈME SÉRIE.

Greffes par approche sur branches.

TROISIÈME SÉRIE.

Greffes par approche sur racines.

DEUXIÈME SECTION.

Greffes par scions.

PREMIÈRE SÉRIE.

Greffes en fentes.

42. Greffe en fente simple. 5.

43. — en fente sur provins. 49.

44. — en fente à sujet taillé en biseau. 90.

45. — en fente par juxta-position. 91.

46. — en fente par juxta-position en biseau. 92.

47. — en fente par juxta-position en biseau et à eran. 93.

48. — en fente par juxta-position avec biseau et dent. 94.

49. — en fente à œil dormant. 95.

50. — en fente par entaille triangulaire. 96.

51. — en fente Ferrari. 6.

52. — en fente à l'anglaise en langue. 89.

53. — en fente à l'anglaise. 88.

54. — en fente à rameaux insérés sens dessus dessous. 129.

55. — en fente à deux rameaux. 8.

56. — en fente enterrée, à rainures. 50.

57. — en fente de la vigne laxative, etc. 60.

58. — en fente à quatre rameaux. 10.

59. — en fente latérale à un rameau. 7.

60. — en fente latérale à deux rameaux. 9.

61. — en fente au bout des branches. 16.

62. — en fente greffe sur greffe. 22.

63. — en fente en double W. 47.

TROISIÈME SECTION.

Greffes par gemmes.

PREMIÈRE SÉRIE.

Greffes en écusson.

DEUXIÈME SÉRIE.

Greffes en flûte.

CLASSE DEUXIÈME.

GREFFES HERBACÉES

Elles se font avec des parties molles, herbacées, non encore parvenues à leur état ligneux.

ESSAI

SUR LA

GREFFE DE L'HERBE

DES PLANTES ET DES ARBRES,

Par M. le baron de **TSCHUDY**,

Bourgeois de Gluris,

———————⊂⊃———————

———————

INTRODUCTION.

Hiéron priait Archimède qu'il voulût bien faire descendre sa géométrie des hauteurs intellectuelles, et l'appliquer aux objets matériels , à l'effet de convaincre l'entendement par le rapport des yeux.

Combien de fois n'ai-je pas formé le vœu de Hiéron, en étudiant les ouvrages de nos savants sur

8

l'organisation des plantes! Combien de fois n'ai-je pas été tenté de leur dire : Abaissez votre science jusqu'aux choses communes.

Celui-ci embrasse la vue de quarante mille espèces, mesure leurs rapports et assigne à chacune sa place; celui-là suit, avec constance, la marche de la sève jusque dans les plus petits vaisseaux ; un autre pèse l'eau qui a été absorbée par les organes des feuilles et des jeunes tiges, dans un temps donné, par une température donnée. La connaissance approfondie des langues grecque et latine, l'algèbre, la géométrie, la chimie, deviennent dans leurs mains de simples instruments applicables à l'avancement d'une seule science, la physiologie végétale.

N'est-ce pas par l'impuissance de m'élever jusqu'à eux, que j'ai formé plusieurs fois le vœu qu'ils descendissent jusqu'à moi? rien de plus vrai.

C'est pourquoi je ne puis assez recommander aux jeunes gens de bien cultiver les études auxiliaires de l'étude qu'ils ont choisie, afin qu'il ne leur arrive pas, ce qui m'est arrivé plusieurs fois, d'éprouver du découragement en présence des connaissances dont ils sont avides.

Hommages soient rendus à tous ceux dont les travaux assidus ont reculé les limites de nos connaissances. Je n'ai pas cité leurs noms toutes les fois que j'ai répété ce qu'ils ont écrit : c'est que tout vient d'eux, et que tout est à moi, lorsque je dirige sur un seul point le faisceau de lumières que j'ai reçu d'eux, dans l'espoir d'ouvrir à l'industrie des voies plus sûres, des sources plus riches.

Il y a dans la vie végétale un premier principe que nous ne concevons pas.

Dieu dit à Moïse : « Posez des limites auprès de la » montagne, afin que le peuple n'approche pas, de » crainte qu'en approchant il ne meure. »

Ainsi, toutes les fois que nous nous efforçons de nous élever à la connaissance des premières causes, par la contemplation des œuvres de Dieu, nous rencontrons les limites qui ont été posées par son amour pour notre sûreté.

Nonobstant, elle est immense, la carrière dans laquelle il nous est permis d'exercer les facultés de notre entendement.

Les anciens, assujettis à des préjugés d'école, n'ont eu que le choix de l'erreur, et n'ont pu faire de progrès dans l'étude de l'organisation végétale.

Duhamel nous a appris à diriger lentement le flambeau de l'observation.

Si je savais louer les vivants, je devrais ici nommer MM. Desfontaines, de Candolle, Thouin, et plusieurs autres qui ont porté le flambeau de Duhamel bien loin du point où il l'a laissé.

Je dois beaucoup de reconnaissance à M. Holandre, professeur d'histoire naturelle à Metz, qui a bien voulu suivre avec intérêt les opérations de cette campagne, qui a déjà corrigé ces notes, et m'a aidé dans le choix d'un plan simple et circonscrit, que je vais m'efforcer de remplir.

Nous écrivons pour ceux qui n'ont aucune connaissance de l'organisation des plantes.

Nous sommes obligé, pour nous rendre intelligible, de considérer et de décrire les organes des plantes, dans leurs rapports à l'art de greffer.

Les plantes se divisent en trois grandes séries : celles dont les semences, par germination, produisent deux feuilles séminales (dicotylédones); celles dont les semences ne produisent qu'une feuille séminale (monocotylédones), et celles enfin chez lesquelles les semences ne produisent point de feuilles séminales (acotylédones).

Ces distinctions ne sont pas arbitraires : chacune de ces classes est formée d'une série de plantes, lesquelles différent entr'elles, et sont cependant assujetties à des lois communes à toute la classe.

L'art de greffer ne s'applique qu'à la première de ces classes, qui embrasse la plus grande partie des genres et des espèces indigènes et exotiques, susceptibles d'acclimatement.

J'ai perdu un temps considérable à chercher une méthode de greffer analogue à l'organisation des plantes monocotylédones. Je n'ai obtenu aucun succès.

Cependant, comme la nature les greffe quelquefois, je suis persuadé qu'un jour on parviendra à les greffer; et comme la greffe est susceptible de modifier la fructification, il serait intéressant de greffer le blé sur chiendent.

Le chiendent est un froment. On ne greffe les

plantes avec succès qu'autant qu'elles ont entr'elles des analogies suffisantes.

Le bois, l'écorce, les feuilles, la fleur même des plantes, présentent souvent à nos yeux des analogies trompeuses. Les seules analogies qui aient de la valeur, sont celles que l'observation a puisées dans les caractères des organes de la fructification.

Les gemmes ou boutons, qui sont les organes de l'accroissement, ont des rapports qui sont presque toujours entr'eux (dans l'échelle générique), comme les rapports des organes de la fructification, d'après lesquels les espèces ont été groupées par petites séries ou genres.

Ainsi, les espèces congénères se greffent presque toujours l'une sur l'autre.

Mais les genres sont eux-mêmes groupés sur des analogies moins importantes ; très souvent les analogies, qui ont déterminé la formation des familles, ou réunion de plusieurs genres, très souvent, dis-je, ces analogies sont insuffisantes pour qu'il soit possible de greffer un genre sur un autre genre.

Lorsqu'on greffe, on insère la tige d'une plante sur la racine d'une autre plante. Le succès démontre que ces deux plantes avaient entr'elles des analogies importantes. Lorsque ces analogies ne sont pas suffisantes, les greffes s'unissent, se développent et meurent dans un temps donné, dont la durée est relative à la mesure du défaut dans l'ensemble des analogies nécessaires.

Ainsi, l'art de greffer peut être appliqué comme moyen expérimental, à l'effet de mesurer l'importance des analogies que les genres ont entr'eux.

Une plante à tige ligneuse, un arbre, une section de tige, offrent à l'observation des parties charnues et des parties solides.

Les parties solides forment les couches extérieures de l'écorce, le bois, l'aubier.

Les parties charnues ont reçu des noms différents, suivant la place qu'elles occupent.

Celles qui occupent le centre ont reçu le nom de *moelle* ou *substance médullaire*; les couches charnues de l'écorce, circonscrites à l'aubier, ont reçu le nom de *liber*; les couches charnues circonscrites au liber ont reçu le nom de *tissu cellulaire*. La partie charnue des feuilles a reçu le nom de *parenchyme*; la partie charnue des fruits a reçu le nom de *péricarpe*. Or, cette substance charnue, quelque part qu'elle soit, verte chez les feuilles, blanche chez les racines, a la faculté de cicatriser une blessure.

Une greffe s'unit à un sujet, par cicatrisation des substances charnues : ainsi les parties solides ne s'unissent jamais parce qu'elles sont dépourvues de l'aptitude à cicatriser une blessure.

J'appelle *herbe* toutes les substances charnues susceptibles de cicatrisation, parce que, dans leurs rapports à l'art de greffer, ces substances ont entre elles un caractère d'unité incontestable qui les rapproche de l'herbe des feuilles et des jeunes tiges vertes.

Plusieurs fois, dans le cours de ces différentes notes, je me suis servi de la dénomination d'*herbe cylindrique*, pour désigner les couches charnues de l'écorce, circonscrites à l'aubier.

Je n'ignore pas que les naturalistes ont donné le nom de *tiges coniques* à la tige des plantes dicotylédones, qui sont précisément celles dont il s'agit. Ces tiges, considérées dans leur ensemble, abstraction faite des branches, présentent à l'observation l'image d'un cône aigu, assis sur sa base.

Mais les mêmes tiges, considérées dans l'espace où il est possible d'insérer une greffe, offrent l'image d'un cylindre ; ainsi, dans leurs rapports à l'art de greffer, les tiges des plantes dicotylédones sont des tiges cylindriques.

L'art de greffer n'est plus un art aveugle ; on peut le réduire à des valeurs mathématiques. C'est par sections cylindriques que la géométrie considérera les différentes méthodes d'entailler la jeune tige qu'on veut insérer. Rapporter sur un cylindre une section cylindrique, de manière à obtenir un parfait parallélisme de toutes les surfaces entaillées, susceptibles de s'unir par cicatrisation, tel est le but qu'on se propose en greffant.

La meilleure méthode de greffer est donc celle par laquelle on obtient la plus grande largeur possible des surfaces susceptibles de s'unir, sur une lon-

gueur imposée par la nécessité, dans la circonstance la plus favorable à une prompte cicatrisation.

La substance herbacée qui cicatrise une blessure,
par génération d'une herbe nouvelle, est renfermée
dans les alvéoles d'un tissu cellulaire dont la forme
varie selon les genres. Le péricarpe d'une orange
offre aux yeux la charpente d'un tissu cellulaire,
analogue à celui qu'on observe dans l'herbe des
plantes. On voit que chaque cloison est commune à
deux cellules, et que de grandes alvéoles renferment
d'autres alvéoles plus petites, qui renferment elles-
mêmes une substance globuleuse.

La plantule qui vient de se développer par germination d'une semence, est formée d'herbe continue, depuis l'extrémité de la radicule jusqu'au sommet de la plumule.

La plantule qui vient de se développer sur une
tige ligneuse par épanouissement d'un gemme ou
bouton, est également formée d'un tissu cellulaire
homogène, continu, depuis le point de son implantation sur la tige jusqu'à son extrémité.

Lorsque la saison est régulière, les gemmes produisent deux fois des herbes nouvelles, savoir : au
printemps et au mois de juillet.

Chaque fois qu'un arbre projette de nouvelles
herbes en dehors, il forme au dedans une nouvelle
herbe cylindrique, qui part du centre de la tige,
et se porte à la circonférence, en traversant le bois

et l'aubier, par les canaux du système médullaire rayonnant.

Ces rayons, conducteurs de l'herbe nouvelle cylindrique, caractérisent exclusivement cette classe des plantes dicotylédones, qui sont l'objet de notre attention.

C'est alors que le tissu cellulaire, ou l'herbe verte cylindrique à petites mailles, prend la place du liber, ou herbe blanche cylindrique à grandes mailles, tandis que celui-ci se solidifie et devient aubier.

Cette herbe à marche centrifuge, d'abord liquide lorsqu'elle s'épanche sur l'aubier, ensuite gélatineuse, transparente, et enfin charnue et verte, a reçu le nom de *cambium*.

Or, le *cambium* est toujours l'herbe de cicatrisation; c'est toujours par lui qu'une greffe s'attache au sujet. Il réside dans l'herbe continue, et c'est de là qu'il part pour descendre dans le canal médullaire, et s'épancher à la circonférence.

C'est le *cambium* qui produit les racines d'une bouture ; c'est lui qui détermine l'accroissement de la racine d'une plante qu'on vient de transplanter. Si on coupe un arbre sur pied, c'est encore le *cambium* qui produit les mamelons générateurs d'une herbe verte nouvelle.

En un mot, le *cambium* est l'herbe blanche descendante, produite par l'herbe verte ascendante.

Lorsqu'on coupe un arbre, avec suppression de

8.

sa tige rameuse, on suspend pour quarante jours
l'action vitale , car on supprime les rudiments de
toutes les herbes vertes qui allaient produire de
l'herbe blanche.

Une partie des racines meurent, en versant sur le
collet les sucs nourriciers dont elles sont saturées.

L'état de léthargie qu'on impose toujours aux
arbres par mutilation de leur tige ligneuse, a encore
une autre cause. C'est que les canaux de la sève
montante résident dans le bois , et que ces canaux
ne sont pas susceptibles de cicatrisation : ainsi, la
durée du temps de l'état léthargique est proportionnelle à l'importance des canaux qu'on a coupés,
lorsqu'on a imposé une mutilation à une tige ligneuse.

Lorsqu'on coupe ou qu'on mutile l'herbe continue
des feuilles ou des jeunes tiges vertes, on obtient une prompte cicatrisation, et on ne fait presque pas rétrograder l'action vitale.

C'est donc là, dans le chantier où se forme le
cambium, qui est l'herbe de cicatrisation , c'est donc
là, qu'il faut greffer les arbres.

Les plantes annuelles parcourent toutes les périodes d'une vie complète, dans un temps abrégé.
La force vitale active a une plus grande énergie, en
raison du défaut de longévité : les moyens de réparation sont toujours proportionnés à la vigueur du
sujet. Ainsi, l'herbe des plantes annuelles cicatrise
une blessure plus promptement que l'herbe des ar-

bres ; on les greffe avec une facilité et une sûreté admirables.

Les feuilles sont essentiellement pourvues d'organes, propres à absorber dans l'atmosphère des principes nourriciers ; elles y pompent principalement de l'eau ; elles absorbent la substance lumineuse ; elles saisissent dans l'atmosphère une partie de l'air élastique qu'elles approprient à la nutrition de la plante. Elles sont aussi pourvues d'organes propres à la transpiration, par lesquels elles rejettent au dehors l'excédant de l'eau qui leur est nécessaire.

C'est là que réside le principal laboratoire où se forme le *cambium.*

C'est donc par l'action des feuilles qu'il faut greffer de l'herbe, sur l'herbe pleine des tiges vertes.

Mais les parties d'un végétal qui, par défaut d'organes propres à l'accroissement ne peuvent se prolonger, meurent en cédant leur propre substance au bouton voisin.

Si donc vous avez coupé une tige verte trois centimètres au dessus d'un bouton, ne greffez pas sur cet inutile tronçon de tige verte, qui ne pouvant vivre pour lui-même, est dans l'impuissance d'animer une greffe.

Greffez à la hauteur de ce bouton terminal qui en se prolongeant, occasionera la cicatrisation et qu'on supprimera lorsque le bouton inséré aura puisé, sur cette jeune tige, le principe d'une vie nouvelle.

Résumant ce qui précède, nous dirons qu'une greffe animée est toujours le résultat d'une cicatrisation achevée.

Qu'une loi commune préside à la cicatrisation des blessures qu'on impose à l'herbe des arbres et des plantes dicotylédones.

Que, par conséquent, une seule greffe convient à toutes les espèces sans exception ; que l'art de greffer se réduit à déterminer le point, la circonstance, le moment où la cicatrisation est plus prompte, plus facile, plus sûre.

Si d'ailleurs il est vrai que les feuilles sont pour le végétal, ce qu'est l'estomac pour l'animal, on s'étonnera que des connaissances acquises depuis si longtemps, n'aient pas engagé plus tôt à greffer par l'action des feuilles, à demander de l'herbe de cicatrisation aux organes qui la produisent.

DIVISION NATURELLE

DES PLANTES DICOTYLEDONES,

CONSIDÉRÉES

DANS LEURS RAPPORTS A L'ART DE GREFFER.

Nous avons considéré les organes, en tant qu'ils avaient de l'influence sur la cicatrisation.

Nous allons classer les plantes, considérées exclusivement sous les mêmes rapports. On verra que cette classification n'est point arbitraire, et que des modifications organiques, communes à toutes les espèces de chacune de ces classes, imposent des modifications relatives dans la méthode de greffer.

Les plantes se divisent en arbres, buissons, plantes annuelles.

DES ARBRES. — (*Trois classes.*)

Les pins, mélèzes et sapins, constituent à eux seuls un premier ordre : ils sont unitiges.

Les sarmenteux, et surtout la vigne, sont omnitiges.

Tous les autres arbres sont multitiges. Ainsi con-

sidérés dans leurs rapports à l'art de greffer, les arbres nous présentent trois classes distinctes.

Nous allons examiner la première classe.

DES ARBRES UNITIGES.

Les mélèzes, pins et sapins sont unitiges, parce
que chez eux une seule herbe centrale marche vers
l'élévation, tandis que les herbes circulaires et
latérales, en se prolongeant, décrivent un arc de
déclinaison, et viennent enfin s'asseoir sur un angle
nécessaire, invariable.

Ainsi, les procédés de l'accroissement détermi-
nent cette prodigieuse élévation qui caractérise la
plupart de ces arbres.

Des herbes qui ont été obligées de s'asseoir sur
un angle de 70 à 80 degrés, s'affaissent par le prolongement annuel qui ajoute une pesanteur à l'extrémité du levier. Ainsi, les branches latérales, assujetties à une loi d'affaiblissement progressif, n'ont
qu'une existence tributaire, et ne peuvent tendre à
la verticalité.

Un pin fourchu, un mélèze fourchu, est deux
fois unitige.

Cette action ascendante, une et sans partage, qui
caractérise le développement de l'herbe centrale
terminale des unitiges, les rend très faciles à greffer.

Greffe des unitiges.

Lorsque je parlerai du noyer, je décrirai la méthode : j'ai dit qu'une seule méthode était commune

à toutes les plantes dicotylédones , parce qu'une loi commune à toutes, déterminait chez elles la cicatrisation des substances herbacées ; chez toutes ces plantes, l'herbe cicatrise une blessure, par génération d'une herbe nouvelle.

Mais il est essentiel d'observer que les lois de l'accroissement sont ici comme chez les graminées.

Les autres arbres se prolongent exclusivement par le faisceau d'herbes terminales. Lui seul, marche vers l'élévation : laissant derrière lui une feuille près du sommet d'une tige qui a toujours marché exclusivement par son extrémité.

Le bourgeon d'un pin ou d'un sapin se prolonge par tous les points de sa surface cylindrique.

Si donc on coupait trop tôt l'herbe centrale d'un pin, et qu'on insérât une greffe sur le sommet de son herbe tronquée, cette herbe, en se prolongeant, dérangerait le parallélisme des tranches et des contretranches, dont la fixité est indispensablement nécessaire au succès de l'opération.

Il faut donc attendre que l'herbe des unitiges ait parcouru les deux tiers de son développement. Alors les feuilles inférieures auront pris leur distance. On trouvera l'herbe continue près du sommet ; on coupera cette partie de la tige verte , où les feuilles pressées l'une sur l'autre, accusent un retard dans l'action du prolongement, et on greffera sur ce sommet, où l'on peut se promettre l'immobilité nécessaire.

J'ai dit que les résineux se greffaient avec une facilité admirable. Cette facilité est ici, comme toujours, dans une mesure relative à l'importance des analogies naturelles.

Ici encore, par exception (chez les pins), le système des feuilles présente un caractère important, parce qu'il cache des gemmes secrets.

Les pins à trois feuilles ne se greffent pas aisément sur les pins à deux feuilles.

Le pin pinier, le pin de la Romanie, le pin laricio et autres pins à deux feuilles, se greffent facilement sur le pin sauvage, et sur le pin d'Ecosse, qui sont aussi des pins à deux feuilles.

Le pin alviez, ou cembro, qui est un pin à cinq feuilles, ne réussit très bien que greffé sur le pin de Weitmouth, qui est aussi un pin à cinq feuilles.

Le baumier de gilead, qui est un sapin argenté d'Amérique, se greffe facilement sur notre sapin argenté, ou sapin à feuilles d'if.

Les sapinettes d'Amérique se greffent facilement l'une sur l'autre. Cette année est la première où j'ai pu les greffer sur le picea.

Le hemlock, greffé sur sapinette, ne vit qu'un an. Je ne connais pas de résineux analogue au hemlock, parce qu'il n'est pas franchement unitige. Ses branches ne sont pas assises sur un angle nécessaire, invariable. Le foyer de vitalité est susceptible de division, de transposition. D'ailleurs il se rattache à un petit groupe d'arbres chez lesquels, par exception, l'herbe de cicatrisation monte avant de descendre.

Les mélèzes à feuilles caduques, se greffent facilement sur le mélèze des Alpes.

Le cèdre du Liban, qui est un mélèze à feuilles persistantes, réussit moins bien greffé sur le mélèze des Alpes, et il faut saisir un moment favorable, sous peine d'échouer.

Le cèdre du Liban n'est pas encore acclimaté ; il a été récemment déplacé par la main des hommes ; il n'a pas suivi, en s'élevant jusqu'à nous, comme la vigne et comme le noyer, les degrés d'une échelle d'acclimatement.

L'espèce n'est donc pas acclimatée ; les semences produisent des individus faibles, qui succombent aux rigueurs de l'hiver, ou aux intempéries du printemps.

Mais on a eu en France plusieurs individus parfaitement acclimatés, qu'il faudrait multiplier par leurs gemmes, soit en greffant leurs bourgeons, soit en en formant des boutures.

L'acclimatement d'un individu n'est donc souvent qu'un premier degré nécessaire vers l'acclimatement de l'espèce.

Je me suis proposé de faire parcourir à cet arbre les degrés d'une échelle nouvelle d'acclimatement, en greffant chaque année le cèdre du Liban sur mélèze des Alpes, avec herbes produites par un cèdre déjà greffé sur mélèze des Alpes.

Nos Saintes Écritures comparent au développement du cèdre du Liban, l'accroissement d'un peuple qui grandit et qui s'élève sous les yeux de Dieu ! Tel a pu être le sort de cette pauvre France !

Les autres résineux, qui ne sont pas unitiges, rentrent dans la classe des multitiges à plusieurs égards. On les greffe sur le sommet de leur herbe centrale, tronquée ; il faut une grande prévoyance pour empêcher que le foyer de vitalité ne se transpose : il faut pendant deux ans, pincer les herbes latérales qui tendent à usurper la situation verticale.

Nous avons dit que dans la classe des arbres, les unitiges se greffaient avec la plus grande facilité.

Nous allons en examiner les causes. Lorsque nous greffons, nous demandons une action au sujet ; et quelle action ? Vous quitterez votre tête et vous en animerez une autre.

Or il n'y a jamais d'incertitude dans les résultats : l'action obtenue est toujours dans une mesure relative à la vigueur du sujet.

Si donc on divise par trente les degrés de la force vitale active, la plus grande vigueur, égale à trente, sera toujours l'objet de nos recherches, lorsque nous voudrons greffer.

Cette tige une, qui marche nécessairement vers l'élévation, me présente un foyer de vitalité invariable ; elle m'offre la force vitale active dans sa mesure égale à trente.

DES OMNITIGES. — (*Deuxième classe.*)

Les sarmenteux et surtout la vigne, sont omnitiges. La vigne est omnitige, parce que la force vitale active est également répartie sur chacun de
ses gemmes ou boutons.

Si une tige s'élève verticalement, elle n'usurpe
pas une proéminence. Si une tige tombe au dessous
de la ligne horizontale, elle ne languit pas par défaut d'élévation. On peut donc greffer la vigne
sur chacun de ses bourgeons.

Greffe de la vigne.

Ceux qui greffent la vigne au dessous de la surface du sol, greffent des boutures. Le bourrelet
d'une greffe est toujours occasioné par l'obstacle
que présente la bouture à l'action descendante des
sucs nourriciers. Aussi Duhamel a constaté, et
nous avons eu souvent l'occasion de le vérifier, que
les racines produites par le bourrelet d'une greffe,
appartenaient invariablement à la greffe et jamais au
sujet.

Ces procédés ne sont pas sans valeur ; ils peuvent
être employés dans le but de rajeunir une vieille
souche, ou dans celui de substituer une bonne
espèce à une mauvaise.

Mais ne perdons pas de vue que la parfaite maturation du fruit doit être le but de la culture. Or la

greffe favorise la maturation du fruit, et celle du bois dont elle limite l'accroissement.

Une greffe enterrée produit des racines qui s'étendent librement par dessus l'obstacle. Ces racines provoquent des herbes vigoureuses ; plus l'herbe est vigoureuse, plus sa propre maturation est difficile, moins elle est susceptible de porter le raisin à sa maturité.

Maturité du bois, de la feuille, du fruit, est une seule action. Autrefois, au clos de Vougeot, on s'appliquait à maigrir le bois, en refusant au sol tout engrais fort. La taille paraissait courte, mais trois nœuds se comptaient sur un espace qui ordinairement n'en admet que deux.

Ces nœuds de la vigne présentent à notre attention l'image d'un vrai filtre : ces nœuds, modérateurs de l'action descendante des sucs nourriciers, ont été donnés à la vigne, afin qu'elle pût murir son fruit sur nos zones tempérées. Cessons d'admirer les prodiges de l'industrie humaine, lorsqu'elle transporte les bienfaits de Dieu, et reconnaissons que le bouton de la vigne a été organisé pour l'émigration. Le vin et l'huile sont des productions naturelles, préordonnées : l'homme ne fait qu'obéir à sa destination, lorsqu'il applique à son bonheur les facultés industrielles qu'il a reçues de Dieu.

Toutes les plantes utiles à l'homme ont reçu une riche dotation de priviléges organiques, le jour où la main de Dieu a laissé les premiers germes sur le premier sol. Ainsi ces plantes forment une riche draperie qui embrasse toute la surface du globe ; tandis que les plantes nuisibles, circonscrites dans la distribution de leurs organes, sont forcées de végéter sur la zone, où elles sont attachées.

Je résiste au désir que j'aurais de démontrer que les plantes ont reçu des organes de reproduction, d'accroissement et de conservation, dans une mesure relative à l'importance de leur utilité pour nous.

Qu'on me permette seulement d'examiner ce qui regarde la vigne.

Le pépin n'a pas reçu, comme le blé, la faculté de produire trois radicules. La nature nous apprend que c'est par les gemmes qu'il faut propager la vigne. Lorsque ses mains cessent de soutenir sa tige, elle tombe jusque sur le sol, et retrempe la vitalité de la plante en produisant de nouvelles racines à la surface d'un nouveau sol.

Son bouton d'hiver est le seul qui renferme trois *corculum.* Celui du milieu est ordinairement le seul qui se développe : les autres font, à son égard, office de cotylédon ; mais ils sont là, prêts à s'élancer en cas d'accident.

Le raisin est le seul fruit dont la maturation ait un lendemain. Les autres fruits ont un point de maturité qui n'a pas de lendemain.

Le raisin est le seul fruit dont le pédoncule ne se détache pas au moment de la maturité. Il fallait cela, afin que la main des hommes pût recueillir toute la récolte dans un temps donné.

La vigne n'a pas été créée pour l'homme sauvage, mais pour l'homme industrieux.

« Tu mangeras ton pain à la sueur de ton visage! » Loi infaillible, sainte promesse qui garantit l'équilibre entre la pesanteur de nos fatigues et la richesse de nos récoltes.

Ainsi la vigne, livrée à elle-même, ne produirait que de mauvais fruits, même sur la zone primitive.

« Les Namazons ou Loxites, dit Pausanias, sont » des peuples barbares qui habitent les confins de la » Libye, et qui se nourrissent de ce *mauvais raisin* » que produit la vigne lorsqu'elle n'est pas culti- » vée. »

J'ai dit qu'on pouvait greffer la vigne sur tous ses bourgeons, parce que chaque bourgeon a une égale aptitude à se prolonger.

Mais il ne faut pas perdre de vue que le meilleur raisin se recueille près de la surface du sol; ainsi, ne greffez, au commencement de mai que les tiges que vous aurez couchées au mois de mars.

Les greffes, par la troisième et la quatrième feuille du bourgeon de la vigne, m'ont accordé un très beau bois, à nœuds très rapprochés, qui a parfaitement mûri. Je crois que ces premières greffes ont été faites le 7, le 8, le 9 et le 10 de mai.

Les greffes par cinquième, sixième feuille (15 de mai), m'ont accordé un bois plus maigre qui a mûri. J'ai greffé chaque jour, jusqu'au 1er de juin, et les résultats ont été en décroissant, comme je devais le prévoir.

Ainsi les quinze premiers jours du mois de mai renferment le temps où il convient de greffer la vigne sur notre élévation.

En Sicile, on sème le pépin de la vigne; c'est que l'espèce y est acclimatée. Il y a près de trois mille ans que les Grecs ont porté la vigne en Sicile et dans le royaume de Naples.

Ici nous jouissons seulement de l'acclimatement des individus qui avaient remonté l'échelle d'acclimatement jusqu'au pied des Alpes Rhœtiennes, au temps où Virgile écrivait; ces individus ayant été incessamment propagés par leurs gemmes.

De sages observateurs nous ont avertis que les arbres incessamment propagés par leurs gemmes, perdaient l'aptitude à produire des semences : rien de plus vrai.

Mais si l'on éprouvait cette inquiétude, relativement à la vigne, c'est qu'on aurait confondu deux choses très distinctes, semence et fruit.

L'arbre à pain, aux Iles des Amis, ne produit pas de semences, mais il produit un fruit délicieux. Cet arbre, depuis longtemps, y est propagé par ses gemmes : l'état de sa végétation est un monument qui nous démontre que, dans ces îles, la civilisation remonte à une époque très éloignée.

La Billardière à qui nous devons cette intéressante

observation, appelle arbres à pain sauvages, les arbres à pain de la Nouvelle-Calédonie, qui sont
exactement les mêmes, mais qui produisent des semences. Il a raison, car ceux-ci sont enfants de la
nature, et les autres sont enfants de l'industrie.

Ainsi en continuant de propager la vigne par ses
gemmes, soit en la greffant, soit en couchant ses tiges, nous risquerons d'avoir un jour des raisins sans
pépins ; et certes, si cela arrive, on appellera sauvages les vignes qui produiront des semences.

Ajouter aux nœuds de la vigne la valeur d'un
nœud, en greffant sa tige, c'est ajouter aux facultés
pour la maturation du bois et pour celle du fruit ;
mais il conviendra de ne propager, par la greffe,
que les espèces qui mûrissent difficilement leurs
fruits.

J'ai dit que l'action qui transformait l'herbe en
aubier, et l'action de maturation des semences et
fruits étaient une seule et même action. Je vais le
démontrer.

On sait que la vigne produit quelquefois de vigoureux bourgeons d'été, par germination anticipée
d'un bouton régulier. Ces bourgeons d'été produisent des fleurs au mois de juillet. La fécondation a
lieu, mais ces raisins ne mûrissent jamais, attachés
qu'ils sont à une tige qui n'a pas le temps de mûrir
son bois.

Le 20 juillet j'ai greffé le pédoncule d'un de
ces raisins sur le pétiole d'une feuille de première

sève. Les grains sont restés très petits ; mais ce raisin a parfaitement mûri, parce que je l'ai obligé à
vivre d'une vie parallèle à la vie d'une feuille déjà
engagée dans l'action de maturation. J'ai fait dépo-
ser ce raisin au Jardin-des-Plantes, vers le 15 octobre, attaché à la feuille qui lui a transmis des aliments d'accroissement et des aliments de maturation.

DES MULTITIGES. — (*Troisième classe.*)

L'herbe centrale terminale des grands résineux,
nous fait observer un foyer de vitalité invariable,
dans sa mesure égale à trente.

La vigne nous présente une série de gemmes,
chez lesquels l'aptitude au prolongement est répartie dans une mesure égale.

Tous les autres arbres sont multitiges, parce que
chez eux le foyer de vitalité est susceptible de se diviser, de se transposer.

Imprimer à ces arbres une force vitale active
égale à trente; fixer le foyer de vitalité pour un
temps donné égal à la durée du temps que ré-
clame la cicatrisation : tel est le but que nous nous
proposons.

C'est en examinant les lois qui président à l'accroissement des buissons, que nous apprendrons à
greffer les arbres multitiges.

9

DES BUISSONS.

L'aubépine et le noisetier ne sont pas des buissons pour moi : ce sont de petits arbres.

J'appelle buissons, une classe de plantes qui ont été organisées pour former nécessairement des buissons.

Les viornes, les églantiers, les spirea sont dans cette classe.

Lorsque les tiges ligneuses se préparent à fleurir, de vigoureuses tiges vertes radicales s'élancent du collet de la plante, et se portent rapidement à la hauteur des tiges ligneuses. Celles-ci viennent étaler leur vigoureuse jeunesse auprès de la maturité des premières, qui alors se couvrent de fleurs.

Fleurs et fruits sont, pour la plupart de ces tiges ligneuses, une époque de décroissance. Même il en est pour lesquelles fleurir et produire des fruits, sont le dernier effort d'une vie qui va s'éteindre (le framboisier).

Ceux qui s'appliquent à imposer un maintien arborescent à l'églantier, au fuchsia, à l'hortensia, recueillent de tristes fruits de leurs soins. Que de peines ils se donnent pour substituer un arbre maussade et languissant, à un aimable buisson constitué pour jouir d'une jeunesse inaltérable !

Charmants buissons de la nature, qui me présentez dans la même enceinte, jeunesse et vigueur, fleurs et fruits et douloureuse décroissance, vous êtes la touchante image de ma douce famille, où mes enfants s'élèvent à mesure que je décline.

C'est que l'éducation est barbare lorsqu'elle n'est pas en harmonie avec la fin naturelle.

Le rosier doit se greffer au printemps, chaque année, sur une tige radicale de l'année précédente. Si on fait cela, on aura toujours, parmi les plus belles, la plus belle fleur.

Ce même rosier greffé, quelque soin qu'on lui prodigue, ne donnera jamais plus d'aussi belles fleurs ; car en prolongeant sa vie, l'éducation va contrarier sa fin naturelle, qui le porte à céder sa force vitale active à une jeune tige radicale, qui s'élance du collet, et qu'on s'oblige à supprimer plusieurs fois, afin de reporter la vitalité sur un point où elle n'aime plus à se fixer.

Favoriser le développement des tiges radicales des buissons, en supprimant leurs tiges ligneuses dès qu'elles ont fleuri, c'est adopter à leur égard un plan d'éducation analogue à leur fin naturelle. On peut, par cette industrie auxiliaire des vues de la nature, obtenir de charmants buissons de *l'hydrangea*, de *l'hortensia*, du *spirea tomentosa* et de beaucoup d'autres, mais les deux derniers que j'ai nommés, aiment l'ombre, l'humidité et le terreau végétal. Donnez-leur tout ce qu'ils désirent, si vous voulez qu'ils vous accordent tout ce qu'ils peuvent donner.

M. de Candolle m'a chargé, il y a quelques années, de constater, par la greffe, si l'hortensia devait être groupé avec les viburnum ou avec les hydrangea.

Je n'imaginai alors rien de plus fort que de disposer au printemps des buissons, pour être greffés
par approche de leurs tiges ligneuses.

Tout manqua et je n'y pensais plus, lorsque l'an
passé, M. de Candolle me renouvela cette demande.
Sa constance anima mon zèle, et c'est alors que je
fis ce calcul :

Si la force vitale active est comme quinze dans la
tige ligneuse décroissante d'un buisson, elle est
comme trente dans sa tige verte radicale croissante;
or ce calcul n'est point exagéré, il est exact.

L'*hortensia* se greffe au mois de mai avec la plus
grande facilité, en fente, avec faisceau d'herbes terminales, dans le sein de la troisième paire de feuilles
d'une tige verte radicale d'*hydrangea ;* car les deux
premières paires, qui se développent par germination d'une tige radicale, sont formées de feuilles in-
complètes, qui seraient de mauvaises nourrices.

Si j'ai appelé un moment l'attention sur des buissons à fleurs, sur des objets qui paraissent frivoles,
c'est dans le but de faire observer que l'industrie
peut obtenir de tous les arbres multitiges, des tiges
vertes radicales, chez lesquelles la force vitale active
sera égale à trente. Il suffit de couper les sujets sur
pied au mois de mars.

GREFFE UNE,

APPLIQUABLE A TOUS LES ARBRES

ET A TOUTES LES PLANTES DICOTYLÉDONES.

M. de Candolle nous a fait observer avec quelle
étonnante facilité les feuilles et les jeunes tiges vertes cicatrisaient leurs blessures, lorsqu'elles avaient
été mutilées par les insectes, déchirées par la grêle.
C'est comme s'il nous avait dit : il faut greffer de
l'herbe sur de l'herbe.

Je m'attache à démontrer que je n'ai rien inventé ; car l'art de greffer n'est point un art qui
appartienne à l'imagination. C'est une simple imitation des procédés par lesquels la nature exécute
tous les jours des greffes sous nos yeux.

J'ai déjà dit plusieurs fois qu'il était facile de greffer l'herbe des tiges vertes. Je n'ai pas entendu qu'il
fût permis de greffer avec négligence, ni de greffer
sur une herbe qui manque de vigueur.

Voyez quelle précision la nature s'impose à elle-
même, lorsqu'elle greffe deux fruits, deux feuilles,
deux tiges vertes. Elle nous prescrit la même exactitude dans l'imitation. Rendre l'exactitude facile,

est donc le seul but raisonnable qu'on puisse se
proposer.

Voyez cette plantule qui vient de se développer
par germination d'une semence : elle étale deux
premières feuilles, dans le sein desquelles est assis
un premier gemme.

On a souvent observé et décrit l'influence de ces
premières feuilles, à l'égard de ce premier gemme ;
eh bien! les mêmes rapports subsistent entre chaque
feuille du végétal et son gemme axillaire.

Mais ne confondons pas le bourgeon d'été, qui
naît par excès de vie hors de l'ordre nécessaire, avec
le bouton d'hiver, qui naît dans l'aisselle ou près de
l'aisselle, dans un ordre invariable.

Ces bourgeons d'été indiquent toujours une
grande vigueur chez les sujets qui les produisent.

Soit qu'ils naissent à côté de l'aisselle (la vigne),
ou en avant de l'aisselle (le noyer, le robinier), ou
soit qu'ils se développent par germination anticipée
d'un bouton régulier (mélèze, platane), ils mar-
chent toujours par action directe des racines, et ne
sont pas dans une intime dépendance de la végétation des feuilles.

S'il est vrai qu'une feuille est nourrice de son
gemme axillaire, comme les premières feuilles sont
nourrices du premier gemme chez la plantule, ôtons
à cette feuille son propre gemme, et donnons-lui un
autre gemme à nourrir. J'ai tout dit, mais jai pro-
mis une description : je vais la donner.

Il n'est pas difficile de mettre un bouton en lieu et place qu'occupait un bouton. C'est ainsi qu'au printemps je greffe l'œil poussant, appliquant à l'animation du bouton inséré, ce faisceau de combinaisons organiques qui ont été préparées par la nature pour l'animation d'un bouton.

Cinq vers de Virgile, qui ont toujours été mal traduits, démontrent que, de son temps, on greffait ainsi l'œil poussant, et qu'on ne coupait pas la tête du sujet; ce qui est absurde, puisqu'on impose un mouvement rétrograde à l'action vitale, dans le moment même où on lui demande d'appliquer toutes ses forces à l'animation du bouton inséré.

Cette greffe n'est pas de mon sujet. Dans l'occasion qui fixe notre attention, le bouton n'est pas un être organisé; il n'est encore qu'un prolongement de l'herbe continue. Aussi, on peut sans inconvénient, placer le bouton inséré dans une situation opposée à l'ordre naturel.

Nous sommes au mois de juin, suivez-moi dans ce bois : voyez cette recrue du mois de mars; elle est formée de tiges vertes radicales. Observez que les plus vigoureuses de ces tiges sont les plus irrégulières. Ce cornouiller a des feuilles par trois; ce merisier a des feuilles opposées; ce frêne a des feuilles alternes; ce chêne a des feuilles verticillées.

C'est qu'il y a eu excès de forces vitales, qui a produit un excédant de substances organisables, lesquelles n'ont pu se placer dans l'ordre régulier.

J'ai donc été invité par la nature, déterminé par la facilité, autorisé par l'expérience, à transposer l'ordre des boutons.

J'ai dit qu'une méthode suffisait, et rien n'est plus vrai : mais de légères modifications dans la disposition du systême gemmal, imposent de légères modifications dans la méthode : nous noterons les principales.

Ce noyer avait 25 à 30 centimètres de tour ; je l'ai coupé sur pied au mois de mars ; il me présente à la fin de mai plusieurs tiges vertes radicales.

Il faut n'en laisser qu'une, tout au plus deux, si on craint de manquer une greffe que je considère comme infaillible.

Les deux premières feuilles ne sont jamais des feuilles complètes ; j'attends que cette tige ait étalé quatre ou cinq feuilles.

Je choisis toujours la feuille qui précède immédiatement le faisceau d'herbes terminales, pourvu qu'elle ait pris sa distance sur la tige.

C'est donc par sa cinquième feuille que je vais greffer cette tige.

Je la coupe 3 centimètres au dessus de l'implantation du cinquième pétiole.

En avant de l'aisselle, j'observe un bouton d'été, et dans l'aisselle un très petit bouton régulier.

Je pose la pointe de l'instrument entre ces deux boutons, et je pratique une incision oblique qui vient s'arrêter au centre du cylindre, 3 ou 5 centi-

mètres au dessous de l'aisselle. Cette incision jette
le bouton d'été d'un côté, et le bouton d'hiver de
l'autre.

Si on taille en coin une tige verte de noyer
d'Amérique, d'un calibre à peu près égal, l'aire des
contretranches, qui résultent d'une telle incision
aura une certaine portion hors du foyer de vitalité.

Vous grefferez avec scion formé d'une section de
tige-herbe, d'un pétiole et d'un chicot terminal, aussi
long que celui que nous avons laissé au sujet, hors
du foyer de vitalité.

En taillant votre scion, vous aurez soin que
les deux entailles commencent à la hauteur du centre du tubercule du pétiole. Ainsi ce pétiole pourra
descendre à la hauteur du pétiole de la cinquième
feuille du sujet. Le bouton sera à la hauteur des
boutons du sujet, dans le foyer de vitalité que nous
avons jeté sur la cinquième feuille, lorsque nous
avons supprimé le faisceau d'herbes terminales. (*fig.*
4, *pl.* 6).

Le pétiole du scion et celui de la feuille nourrice étant à hauteur égale, et formant ensemble un
angle de 90 degrés, les premières révolutions du fil
de laine embrasseront ces pétioles de manière à
empêcher que le coin ne remonte, lorsqu'on serrera
en descendant.

Les parties du végétal qui, par défaut d'organes,
ne peuvent se prolonger, meurent en cédant leur
propre substance au bouton voisin.

Le pétiole du scion et les deux chicots vont donc verser des aliments sur le bouton inséré ; ils vont faire à son égard office de cotylédon.

Dans vingt jours le pétiole du scion commencera à jaunir, ensuite il se détachera, laissant sur l'aire de son implantation une belle cicatrice, gage infaillible du succès.

Ces greffes ne poussent qu'au bout de trente jours : on les exécute avec la plus grande facilité. Mais lorsque le scion est d'un calibre beaucoup plus petit que le calibre du sujet, on est obligé d'avoir recours à une autre greffe en fente que je vais décrire, et dont je donnerai un dessin.

Ce n'est que pour satisfaire les yeux que l'on a recours à une autre méthode, lorsque le calibre du scion est beaucoup plus petit que celui de la tige verte du sujet, car lorsqu'on greffe l'herbe continue, la cicatrisation s'étend sur toutes les surfaces de l'aire des tranches. On peut donc greffer une petite herbe, par immersion dans une herbe plus forte. Il en résulte une défectuosité pénible à voir : mais une telle greffe ne manque pas.

Étant le calibre de l'herbe que je me propose d'insérer, beaucoup plus petit que le calibre de cette tige verte radicale de noyer, il faut couper cette tige 7 millimètres au dessus de l'aisselle de la cinquième feuille.

Sur cette longueur de 7 à 9 millimètres que j'ai réservée en dehors du foyer de vitalité, on discerne un petit bouton d'été en avant du gemme axillaire qui est le bouton régulier.

Fendez ce chicot vert, de manière à diviser en deux parties égales, le bouton d'été et le bouton d'hiver.

Lorsque l'extrémité du scalpel sera arrivée sur le tubercule du pétiole, il faut baisser la main, fendre en descendant, de manière que la pointe de l'instrument glisse sur le paroi intérieur de l'écorce cylindrique.

Ainsi le cylindre sur lequel je vais greffer, est divisé en deux parties égales, au dessus de l'aisselle de la feuille nourrice. Il est ensuite incisé dans toute sa capacité, à la réserve de l'écorce qu'on laisse entière sur la ligne du pétiole.

Dans cette fente, introduisez un scion formé section de tige verte, avec pétiole tronqué et chicot. Ce scion doit être taillé comme une lame de couteau, ou comme un coin, aminci sur une de ses longueurs.

Saisissez ce scion par son pétiole avec la main droite ; présentez son extrémité dans la partie supérieure de l'incision ; aidez-vous du pouce de la main gauche, pour le faire descendre.

Le scion doit tellement descendre, que la partie supérieure de l'aire de ses tranches se trouve à la hauteur du centre du tubercule du pétiole de la feuille nourrice.

Les pétioles opposés du sujet et du scion, donnent

les moyens de projeter les premières révolutions du fil de laine de manière à former une bride qui empêche le coin de remonter, lorsqu'on achèvera de serrer en descendant.

Enfin, lorsque la poupée sera nouée, il faut fendre l'un et l'autre chicot jusqu'à la bride ; ces fentes doivent couper carrément la fente qui a divisé ce chicot en deux parties égales.

L'élasticité de l'herbe, pleine et continue, fait coïncider toutes les surfaces sous la compression du fil de laine ; s'il y a de petites chambres, elles se remplissent bientôt d'une herbe nouvelle.

Cependant il est difficile de tailler un scion comme une lame de couteau, sans que le premier effort de l'instrument n'occasione une légère courbe, et par conséquent une surface concave.

Qu'on ne s'en embarrasse pas, car les quatre sections du chicot vert, par une action centrifuge, vont s'écarter l'une de l'autre, s'appuyer fortement sur la bride, et imposer une forme convexe à cette partie de l'aire des contretranches, qui est opposée aux surfaces concaves.

Si on ne fendait pas une deuxième fois ce chicot, l'action d'écartement pourrait surmonter les forces élastiques du fil de laine, et exposer à l'impression de l'air la partie supérieure de l'aire des tranches.

La deuxième fente assure un mouvement d'écartement, prolongé autant qu'il doit l'être, pour établir le parallélisme désiré, arrêté au point précis où il doit s'arrêter, pour ne pas découvrir les racines du scion.

RÉGIME.

Le but du régime doit être de diriger doucement la force vitale active sur le bouton inséré, par suppression graduée des organes qui lui disputent l'eau du sol.

Vers le cinquième jour, on supprimera les bourgeons d'été.

Vers le sixième, on supprimera le limbe des quatre feuilles inférieures à l'insertion de la greffe, et leurs gemmes axillaires.

Vers le vingtième jour, si les quatre pétioles tronqués ont reproduit des boutons d'hiver on les supprimera une seconde fois.

En même temps, on supprimera le limbe de la feuille nourrice et son bouton régulier qui a été divisé sans qu'il en soit résulté un retard dans son développement, parce qu'il n'est encore qu'un prolongement d'herbe.

Ainsi, le vingtième jour, cinq pétioles formeront les degrés d'une nouvelle échelle de vitalité, encore indispensable à maintenir, pour élever l'eau du sol jusqu'au sommet.

Ce régime s'appliquera à l'une et à l'autre méthode.

On parera ces greffes vers le trentième jour, lorsque le bouton inséré se prolongera d'une manière
sensible.

Après avoir déshabillé et paré cette greffe, on
rhabillera promptement avec une lanière de papier
et un fil de laine; on serrera plutôt pour contenir
que pour contraindre.

On apprendra facilement à modifier le régime selon les genres : les plantes annuelles nous dispen-
sent de tous ces soins.

QUELQUES CONSIDÉRATIONS

SUR

LA GREFFE DU NOYER.

J'ai greffé le noyer par d'autres moyens qu'il est
inutile de décrire, parce qu'ils sont d'une exécution
difficile.

Une greffe très facile, et qui m'a procuré de très
beaux sujets que j'ai distribués en Suisse et en
France, c'est la greffe par approche d'une herbe
gemmale sur l'herbe séminale d'une noix qu'on a
plantée dans un petit pot.

Lorsque j'ai voulu décrire ces méthodes, j'ai

choisi une tige qui a produit cinq feuilles, parce que mes plus belles greffes ont été faites au mois de juin par la cinquième feuille, et parce que je me suis imposé de ne présenter que des vérités précises.

Mais je crois que la troisième feuille est préférable, lorsqu'elle est dans la situation où nous avons choisi cette cinquième feuille.

Quant au régime, je l'ai décrit tel que je l'ai suivi, et je ne crois pas qu'il soit de rigueur.

Sir John Evelyn, considérant que notre noyer emploie un temps considérable à produire du bois avant de se mettre à fruit, a énoncé le vœu qu'on pût le greffer avec son propre scion.

On voit qu'aujourd'hui rien n'est plus facile ; mais comme la greffe accélère la végétation au printemps, cette greffe ne convient pas sur notre élévation.

Par ce motif nous ne grefferons pas le noyer de la Saint-Jean, arbre précieux qui parcourt les périodes de la vie active dans un temps abrégé, et qui porte son bois et son fruit à maturité, quoiqu'il pousse au printemps vingt-cinq jours plus tard que les autres.

Nous ferons germer des noix de la Saint-Jean ; nous écarterons toutes celles qui germeront avant le 25 de mai, et nous obtiendrons l'individu que nous cherchons dans la proportion de trente pour cent.

M. Michaux, auquel nous devons un ouvrage

classique sur les arbres de l'Amérique-Septen-
trionale, a énoncé un vœu plus raisonnable que celui d'Evelyn.

Il désire que les bonnes espèces du Nouveau-Con-
tinent, qui sont rebelles à la transplantation, parce
que leurs racines sont privées de chevelu, soient
greffées sur notre noyer qui se transplante facilement.

Le bouton de notre noyer, qui a été introduit en
Europe il y a plus de trois mille ans, a encore une
physionomie asiatique : c'est par là, qu'il souffre
lorsque l'hiver est rigoureux ; mais sa racine est très
rustique, elle survit longtemps à sa tige.

Les résineux unitiges nous ont offert la force vitale active dans sa mesure égale à trente. Nous
avons conçu qu'il fallait obtenir, de l'herbe des
multitiges, cette action ascendante, une, et sans
partage, qui caractérise la végétation de l'herbe
centrale terminale des pins et des sapins.

L'ordre qui préside au rajeunissement périodique
des buissons, nous a démontré qu'il fallait demander des tiges radicales vertes aux sujets qu'on se
propose de greffer dans la classe des multitiges.

Il me reste à observer que, dans cette classe, le
noyer et le châtaignier se distinguent par la faculté
qu'ils ont de produire de très belles tiges radicales,
lorsqu'on les coupe sur pied, et qu'ils sont par conséquent, après les résineux et la vigne, les arbres
les plus faciles à greffer.

On a donné le nom de nœud vital au collet des arbres ; c'est là que se termine l'herbe blanche centrale et l'herbe blanche rayonnante ; c'est là que deux premières feuilles ont nourri un premier gemme, une première racine.

La vigne et les résineux n'ont pas, au collet, de nœud vital ; mais cette dénomination convient parfaitement au collet de tous les arbres de la troisième classe, qui cache une réserve de vie applicable à la reproduction individuelle.

En général il est facile de greffer sur l'herbe continue des tiges radicales avec scion formé de bois de première sève, ou de bois dur, ou de bois gardé.

Le noyer refuse cette greffe ; je crois que ses cloisons médullaires renferment un air approprié à la nutrition, que cet air est plus léger que l'air atmosphérique, en sorte qu'il est déplacé immédiatement dès qu'on entaille un scion ligneux.

Si on coupe transversalement une jeune branche ligneuse de noyer, les cloisons médullaires discoïdes, placées près l'aire de la coupe, en s'enfonçant, paraîtront céder à la pression atmosphérique.

J'ai dit, au sujet de *l'hortensia*, qu'il fallait greffer cette plante avec scion formé d'un faisceau d'herbes terminales.

On peut greffer ainsi toutes les tiges vertes, dont les feuilles terminales forment un faisceau disposé verticalement.

Chez le cerisier les jeunes feuilles terminales pa-

raissent inclinées ; mais les deux parties du limbe
sont appliquées l'une sur l'autre ; la grande ner-
vure seule décrit une courbe. L'herbe de ces feuilles est plantée verticalement sur un plan incliné ;
on peut donc aussi greffer le cerisier avec scion
formé d'un faisceau de feuilles terminales. Mais,
comme nous l'avons dit, avec pétiole tronqué, chicot vert et section de tige-herbe.

Lorsqu'on transplante une jeune plante annuelle,
un chou, on observe que les feuilles inférieures
succombent à l'action du soleil, parce qu'elles sont
projetées, et que les jeunes feuilles terminales résis-
tent à l'action lumineuse, parce qu'elles s'élèvent
verticalement.

QUELQUES MODIFICATIONS

INDIQUÉES

PAR LA DISPOSITION DU SYSTÊME GEMMAL.

L'herbe centrale des mélèzes et des sapins nous
présente de petites feuilles ; dans l'aisselle d'une ou
de plusieurs feuilles réside un bouton : ces feuilles
sont nourrices spéciales du bouton, et les feuilles
qui n'ont pas de gemme sont nourrices auxiliaires.

Dès qu'on coupe l'herbe centrale d'un de ces arbres au dessus d'un bouton, on transporte le foyer de vitalité sur ce bouton. C'est donc en opposition d'un bouton et à la hauteur d'un bouton que je greffe la tige verte tronquée des mélèzes et sapins, avec scion formé d'un faisceau d'herbes terminales.

L'herbe centrale des pins n'a pas de boutons latéraux ; lorsqu'on la coupe, on porte le foyer de vitalité sur les feuilles les plus voisines de l'aire de la coupe. Les feuilles produisent immédiatement des boutons qui naissent dans le fourreau, et qui se prolongent dès la première année.

Ainsi, en greffant l'herbe centrale tronquée d'un pin, j'ai soin de réserver quelques feuilles près de l'aire de la coupe, afin qu'elles appellent les forces vitales actives sur ce point, où j'ai inséré une herbe terminale de pin.

D'après ce que je viens de dire, on juge que les pins peuvent être facilement propagés par la greffe des feuilles ; on perd la valeur d'une année, lorsqu'on greffe des feuilles de pin.

Quant à la vigne, je l'ai greffée facilement par les moyens indiqués pour le noyer.

Les arbres à feuilles opposées (marronnier, frêne), nous offrent deux nourrices au lieu d'une ; je coupe leur herbe 7 millimètres au dessus des aisselles de la paire qui précède le faisceau d'herbes terminales.

Je fends la tige dans toute sa capacité; j'y fais glisser un scion d'herbe taillé en coin, les pétioles du scion et ceux du sujet, placés à hauteur égale, sont disposés comme les rayons d'une roue.

Mais l'herbe des frênes, près des boutons, me présente toujours une coupe ovale; si le petit diamètre est trop court, je fends cette herbe par diamètre moyen.

Si vous voulez greffer un melon sur le grand potiron, vous observerez que sa tige est creuse, et que son herbe représente l'herbe cylindrique de tiges ligneuses.

Si la pointe de l'instrument se présente comme rayon pour fendre cette tige, la largeur des contre-tranches ne suffira pas, mais si elle se présente comme côté de l'hexagone circonscrit au cylindre, alors vous obtiendrez une largeur suffisante.

Je craindrais de tomber dans des détails frivoles, si je donnais plus d'étendue à ces observations.

GREFFE DES PLANTES ANNUELLES.

Les plantes annuelles se greffent avec une facilité qui efface celle que nous avons observée chez les grands résineux. La méthode est la même; mais ici le régime n'est rien : on peut, en greffant les plantes annuelles, supprimer tous les gemmes axillaires du sujet.

J'ai voulu marcher trop droit au but le plus utile, en greffant le chou-fleur sur souches de choux printaniers qui avaient déposé leur tête à la cuisine. Ces sortes de greffes ne peuvent réussir qu'à l'aide de soins qui en absorbent l'utilité économique. Mais il m'a paru qu'il était facile, et que par conséquent il pourrait être utile de greffer le chou-fleur sur jeune plant de brocoli ou chou de cavalier.

Pour greffer les melons, il m'a paru que le meilleur sujet était le concombre.

J'ai greffé le chou-fleur avec faisceau d'herbes terminales ; j'ai greffé le plant à l'époque où on le transplante.

J'ai greffé le melon avec scion formé d'un pétiole, d'un gemme axillaire et d'une section de tige-herbe.

Les gens du monde ont marqué peu d'empressement à goûter les fruits qui ont résulté de ces greffes, mais ils ont avoué qu'ils n'avaient jamais mangé de meilleurs fruits.

Pour nous, nous n'avons jamais douté du résultat. Nous aurions été étonné, si, par exception, dans cette seule occasion, la greffe n'avait pas tendu à la parfaite maturation, et par conséquent à l'amélioration du fruit.

Mes meilleurs fruits provenaient de greffes sur

des sujets semés en pleine terre ; j'ai tenu une cloche sur la greffe pendant quelques jours.

Bradley estime à quarante jours la durée du temps nécessaire pour porter un fruit arrêté, à sa parfaite maturité ; sans doute il suppose que ce fruit est aidé par tous les moyens industriels qui peuvent dépendre de nous.

Un melon provenant d'une plante greffée en pleine terre, emploie près de cinquante jours pour parvenir à sa parfaite maturité, et encore faut-il qu'il ait été couvert d'une cloche.

La végétation d'une plante de melon, greffée par la quatrième ou la cinquième feuille d'une jeune plante de concombre, est très vigoureuse. Si on pince trop tôt, on augmente cette vigueur, qu'il faut dompter. J'ai mis à fruit une de ces plantes, en ôtant au sujet quelques racines ; mais comme il est difficile d'apprécier l'importance d'une racine qu'on se propose de supprimer, jai admis un moyen que je crois meilleur : j'ai ôté à la plante un tiers ou moitié de l'eau du sol, par suppression d'une section cylindrique de la tige verte, égale au tiers ou à la moitié de sa capacité ; il m'a paru, non seulement que j'avais déterminé la fécondation des fleurs, mais aussi que j'avais gagné deux ou trois jours relativement à la maturité des fruits.

Les premières greffes ont été exécutées au commencement de septembre jusqu'à la fin d'octobre.

Jeunesse et vigueur, ne produisent que de l'herbe, et n'accordent pas de fruits, où les mûrissent mal. Un melon fécondé n'est pas un melon arrêté. Le mot arrêté, par lequel les jardiniers désignent un fruit qui tiendra, dérive probablement d'une observation qu'on peut appliquer à tous nos arbres fruitiers ; c'est que pour qu'un fruit tienne et puisse parcourir les périodes de la maturation, il faut que la fougue d'herbe soit enfin arrêtée.

Chez les plantes annuelles, comme chez les arbres, le fruit mûrit par privation absolue de l'eau du sol. Ici le pédoncule devient ligneux et cesse de porter de l'eau ; là le pédoncule se détache. J'ai goûté des melons délicieux très près de leur zone naturelle : le collet de la plante était calciné par le soleil, et ne transmettait plus d'eau aux parties vertes depuis plusieurs jours. Ainsi, la nature a marqué le moment où l'eau du sol doit cesser de délayer les parties sucrées

On sait que les graines des céréales mûrissent par solidification du chaume, qui cesse de leur porter de l'eau.

Je ne crois pas que les melons d'hiver, qu'on cultive dans le midi de l'Europe, soient une espèce : ce sont des melons qu'on a semés trop tard, et qui, avant la maturité des fruits, ont rencontré la saison des pluies (le mois de septembre). De tels fruits recevraient trop d'eau du sol ; on les cueille et on les suspend à une muraille de couleur blanche. C'est là que ces fruits parcourent les degrés de la maturation, et qu'ils absorbent la substance lumineuse, principal aliment de tous les fruits qui tendent à la maturité, et principalement du melon.

Mais l'action rayonnante, et surtout l'action réfléchie qui en résulte, n'ont toute leur valeur pour ces fruits, qu'autant que cette action est perpendiculaire : ainsi, quand le soleil devient oblique, on fait sagement de les suspendre à une muraille, afin de regagner pour eux la perpendicularité de l'action rayonnante.

Je crois que sur notre élévation, nous ferions sagement de cultiver ces plantes en espalier, sur un plan de maçonnerie élevé de 45 degrés, seul moyen de verser sur eux la substance lumineuse, comme ils la reçoivent sur leur zone naturelle (l'Afrique) (1).

La plupart des cucurbites aiment à étendre leur tige horizontalement; mais tous les degrés de l'accroissement ont lieu dans la situation verticale.

En greffant, ayez soin que le gemme soit disposé verticalement, afin qu'il n'ait pas la peine de se retourner, car le temps appliqué à la réparation, est toujours un temps ôté à l'accroissement.

(1) On a aujourd'hui des exemples de cultures de melon en espalier sur treillage, qui réussissent fort bien. Les primeuristes cultivent aussi des concombres en pots, maintenus verticalement sur des échalas afin d'occuper moins de place dans les serres et de jouir de plus d'air et de soleil que lorsqu'ils sont rampants.

L'action du vent sur les feuilles est bien dangereuse. Quelquefois le vent parvient à retourner une tige. Alors les feuilles présentent à l'humidité de la nuit, les surfaces qu'elles doivent présenter à l'action lumineuse; quelquefois elles périssent par impuissance de se retourner assez tôt pour arrêter à temps les effets de ce désordre.

Je me suis contenté de poser quelques pierres sur la tige des melons et des concombres, pour modérer les effets nuisibles qui résultent de l'action du vent. La simple oscillation des feuilles occasione une diminution sensible dans l'accroissement. Des pierres ne suffiraient pas pour contenir la tige du grand potiron; il faut encore, de distance en distance, présenter un tuteur au pétiole des feuilles.

Est-ce que la nature serait en défaut, qu'il fallût absolument lui prêter ces secours? Non; ces plantes, dans leur état habituel, et surtout sur leur zone primitive, produisent des fruits pesants, tellement disposés sur le côté des tiges, qu'ils opposent une force de gravité à l'impression du vent.

Mais on sent que lorsque nous greffons le melon, par les feuilles du grand potiron, nous substituons une pesanteur d'un kilogramme à un kilogramme et demi, à une pesanteur de quinze ou vingt kilogrammes. C'est notre industrie qui a rompu l'équilibre imposé par la nature; c'est l'industrie qui doit le rétablir.

Un melon lorsqu'il est de la grosseur d'une noix,

n'est encore qu'un prolongement de l'herbe continue ; on peut le détacher de sa tige et le greffer sur
concombre ou sur une autre cucurbite.

Coupez quatre centimètres au dessous de l'insertion
du pédoncule ; taillez en coin cette section de tige-
herbe, et introduisez ce coin dans une incision oblique que vous aurez pratiquée, en posant la pointe
de l'instrument dans l'aisselle d'une feuille que vous
aurez soulevée.

Cette greffe, qui est exactement la première méthode décrite pour le noyer, conviendrait mal, si on
voulait greffer ce fruit sur un grand potiron, parce
que sa tige est d'un calibre trop fort. Dans cette occasion, il faut avoir recours à la seconde méthode, se
rappeler ce que nous avons dit sur les inconvénients
de l'oscillation des feuilles, et sur la nécessité de
fendre l'herbe d'une tige creuse par sécante parallèle au côté de l'hexagone circonscrit.

Ces fruits sont restés très petits ; ils ont employé
plus de soixante jours à parcourir les degrés de la
maturation.

Le 18 octobre, j'en ai envoyé un à M. de Viville,
secrétaire de la Société d'agriculture à Metz. Le 28 octobre , j'ai envoyé un de ces fruits à M. Hollandre ;
celui-ci était attaché à la feuille du grand potiron
qui lui a servi de nourrice spéciale. Ces fruits ont
été trouvés exquis. Par dessus la cloche, qui ne les
a pas quittés, j'avais établi un châssis vitré pour
préserver les tiges et feuilles des sujets de l'impres-

sion de la gelée; ils avaient été greffés à la fin d'août sur des plantes vigoureuses, auxquelles j'avais ôté leurs gemmes, et auxquelles j'avais laissé toutes leurs feuilles.

Je dois prévenir que je n'ai cultivé cette année qu'une seule espèce de melon. La graine m'a été envoyée par M. le comte d'Ourches (Charles), sous le nom de melon vert de la Caroline. Il m'a paru que ce melon était le même qu'on cultive à Malte, sous le nom de melon d'hiver.

Mais il me siérait mal de donner des préceptes sur la nature d'une plante que j'ai étudiée cette année pour la première fois ; ce sera, si on le veut, le melon de la Caroline. Ce qui est incontestable, c'est que les fruits de cette espèce, obtenus par greffe en pleine terre, ont été meilleurs que les fruits provenant de plantes élevées sur couches, et ensuite transplantées en pleine terre, très près d'un mur, à l'exposition du midi avec abri du côté du levant. Voilà ce que je peux assurer pour rentrer dans le cercle des vérités précises que je me suis proposé de développer dans ces notes.

L'instrument propre à tailler du bois ne taillerait pas une herbe ; on peut greffer facilement avec un scalpel fin. Les herbes à tissu lâche ne se taillent bien qu'avec un rasoir.

Il faut chaque fois essuyer l'instrument, et si on observe, sur l'aire de la tranche, des traces de fer occidé qui s'accusent immédiatement par une

couleur noire, alors il faut retailler ou écarter cette
greffe.

La laine qui a été blanchie a perdu une partie de
sa force élastique ; il faut employer la laine la plus
fine dans l'état où elle sort des mains de l'ouvrier
qui l'a assemblée ; on la double, on la triple, suivant
la nécessité.

Si le soleil est trop ardent, roulez une feuille autour du scion. Les résineux, la vigne, le noyer, les
plantes annuelles n'exigent pas cette précaution que
je n'ai employée cette année que lorsque j'ai greffé
l'herbe du buis et celle du rhododendron.

On a déjà dû juger que l'art de greffer est fondé
sur la faculté qu'a chaque section du végétal de vivre de sa vie propre un temps donné, dont la durée
plus ou moins étendue est en raison inverse des degrés de la force vitale active.

Ainsi, une tige coupée en février et introduite
dans une glacière, est susceptible de vivre plusieurs
années.

C'est sur les degrés de la force vitale passive du
scion qu'est fondée la greffe en fente des jardiniers ;
ils coupent leur bois en février, et prolongent le
sommeil du bouton. Le seul tort qu'ils aient, c'est
d'imposer au sujet une léthargie de quarante jours
par suppression de sa tige rameuse.

Quand nous greffons de l'herbe au mois de juin,
nous employons le bouton dans le *minimum* de sa
vie propre, ce qui nous oblige à demander au sujet
le maximum de sa force vitale active.

Les plantes ligneuses ont, à nos yeux, une vie active et une vie passive.

Le bouton grossit en cachette pendant l'hiver, a dit *Duhamel*; mais l'empire du bouton s'étend jusqu'aux extrémités des racines. Le mouvement des liquides est donc ralenti et point arrêté.

Privation totale de mouvement constitue l'état de mort; mais une vie partielle, ralentie et concentrée, s'observe journellement, même chez les hommes dans l'état de maladie.

Nous appelons inertie un état de mouvement continuel, qui ne frappe nos yeux que par les effets qui en résultent.

DES POMMES DE TERRE.

(*Culture et greffe.*)

J'aborde une question de la plus haute importance. M. Pictet nous a avertis, par une petite note, que la pesanteur de la récolte des tubercules de pommes de terre était invariablement proportionnelle à la pesanteur de la semence.

Ainsi il a répondu à toutes ces théories qui tendaient à nous faire perdre de vue le point essentiel, en dirigeant nos économies sur cette semence qui produira nécessairement en raison de sa pesanteur.

Cela n'est pas seulement vrai pour les tuber-

cules des pommes de terre. Cela est vrai pour toutes les semences ; car une semence, un tubercule,
nourrissent la jeune plante de leur propre substance
avant qu'elle puisse puiser des aliments dans le sol,
et continuent à nourrir la plante jusqu'à épuisement de leur propre substance, lorsqu'elle a projeté
des racines dans le sol. Or on sent que la vigueur
doit être en raison de la masse des aliments reçus,
et que le produit doit être en raison de la vigueur.

Mais le sol n'admet pas de surcharge ; ce n'est
donc pas en plantant dix tubercules sur une surface
donnée, qui n'en admet que six, qu'on obtiendra
une meilleure récolte, c'est en choisissant six forts
tubercules.

Je soumets à M. Pictet et à tous les amis des pau-
vres, une question sur laquelle je produirai quelques lumières ; mais que je ne pourrai résoudre
cette année avec la précision désirable.

Je crois que la récolte des tubercules est toujours
en raison du développement des tiges vertes, et que
favoriser l'accroissement de l'herbe verte, c'est
ajouter au développement de l'herbe blanche.

Je crois enfin (toutes choses égales d'ailleurs),
que le seul moyen industriel, par lequel il nous soit
possible de favoriser le développement des tiges
vertes, c'est de les soutenir dans la direction verticale.

Sur un sol médiocre, j'ai porté à plus de 2 mètres
le développement des tiges vertes que j'ai soute-

nues. Chaque feuille a produit une tige axillaire de
66 centimètres, 1 mètre 32 centimètres, 1 mètre
65 centimètres de longueur, selon sa situation sur la
tige radicale.

J'étais persuadé que, dans leur ensemble, toutes
ces tiges allaient produire une grande masse de sucs
nourriciers applicables à l'avancement des tubercules.

Ma récolte n'a pas répondu à mes espérances ; j'ai
recueilli un très grand nombre de petits tubercules.

Ces pommes de terre avaient été plantées à la
charrue le 1er novembre 1818, et chargées de
45 centimètres de terre. Le 15 d'avril, j'ai fait apla-
nir le sol ; mais il était déjà serré, effet inévitable
d'une culture d'automne ; l'été a été sec, et je suis
persuadé que le défaut de mobilité du sol a nui au
développement des tubercules.

Comme cette question est du plus haut intérêt,
je me reprocherais d'omettre le moindre aperçu
susceptible de concourir à son éclaircissement.

En juin j'avais fait préparer un premier treillage ayant 1 mètre 16 centimètres hors du sol. J'é-
tais persuadé qu'il suffirait. Je fis voir cet appareil à M. Hollandre ; il me dit qu'ayant planté, il y
a trois ans, quelques tubercules, il avait fait soutenir les tiges vertes avec des tuteurs ; que ces tiges
étaient parvenues à plus de 2 mètres 66 centimètres
d'élévation ; que la récolte des tubercules avait

été de quatre-vingts pour un, et qu'il avait attribué cette prodigieuse fécondité à la richesse du sol. C'était, il est vrai, des variétés productives : la rouge-coton-douai, et la blanche-rosée-descroisilles, du catalogue de la Société d'agriculture de Paris.

Attribuant 1 mètre 33 centimètres d'élévation, et quarante du produit à la richesse du sol, je fus persuadé que le surplus devait être considéré comme résultat du soin qu'on avait pris de maintenir les tiges dans la direction verticale.

Ainsi je fis disposer immédiatement des piquets ayant 2 mètres hors du sol, et soutenant une traverse terminale qui a été dépassée par le plus grand nombre des tiges vertes.

On peut réduire à moitié les frais que je me suis imposés, en plantant un seul treillage pour deux rayons sur la ligne moyenne parallèle.

Ma récolte, dans son ensemble, a surpassé une récolte ordinaire. Mais il ne faut pas perdre de vue que trois tubercules qui pèsent ensemble un demi-kilogramme, n'ont pas la valeur d'un tubercule du poids d'un demi kilogramme ; que par conséquent, le but de la culture doit être d'obtenir les plus forts tubercules possibles. Ma récolte a été mauvaise, parce que l'augmentation du produit n'a pas été suffisante pour compenser les frais que la culture m'a imposés.

Je me propose de renouveler cette expérience sur un sol riche; de planter au mois d'avril; d'enterrer des feuilles sèches et de la paille rompue, car le fumier gâte toutes les racines qu'il touche. Par dessus le sol, j'étendrai un vaste manteau de fumier long, à l'effet de rompre la violence des averses de pluie qui viennent quelquefois battre et serrer le sol.

Je désire vivement que plusieurs cultivateurs renouvellent cet essai, persuadé qu'ils obtiendront un résultat satisfaisant.

Le sol n'admettant pas de surcharge, il ne peut produire généralement que dans une mesure relative aux substances alimentaires qu'il présente aux racines des plantes.

On sait que l'industrie peut ajouter des principes aux principes naturels du sol.

Cette occasion est presque la seule où l'industrie puisse aller au-delà, et demander à l'atmosphère, où les principes se renouvellent sans cesse et ne s'épuisent jamais, une plus riche dotation de sucs nourriciers applicables à l'accroissement des racines tuberculeuses.

Non seulement une tige verte, soutenue dans la direction verticale, résiste à l'ardeur du soleil ; mais aussi elle supporte, sans souffrir, l'impression d'une petite gelée.

La verticalité détermine une plus grande vigueur dans le prolongement, un mouvement accéléré dans l'action des fluides, et par conséquent une chaleur locale plus considérable.

10.

Le temps que notre faiblesse qualifie d'indivisible, la nature le saisit et le divise à son gré. Non
seulement elle le divise, mais elle en forme une série et en compose une durée qui offre à nos observations des résultats palpables.

Si on greffe un melon (fruit) près d'une jeune
feuille du grand potiron, on sent qu'il est nécesaire
de soutenir cette feuille avec un tuteur, afin que
son oscillation ne dérange pas la greffe qu'on vient
d'insérer.

Eh bien! une telle feuille soutenue s'élévera toujours de 6 à 9 centimètres au dessus de toutes les
autres.

C'est que chaque mouvement d'oscillation, dans
un temps indivisible, jette le pétiole hors de la direction verticale; chaque mouvement vers l'inclinaison occasione un ralentissement dans le mouvement des fluides.

Si des temps d'oscillation cumulés suffisent pour
imposer une diminution nécessaire à l'accroissement d'un pétiole, quel effet doit produire, au mois
de juillet, sur des tiges de pommes de terre une
pluie de trois jours? Toutes ces tiges versent et ne
se relèvent plus. Dans cette situation, elles succombent bientôt à l'action du soleil; elles brûlent. Cette
année, on a commencé la récolte à la fin d'août.
Quand les tiges sont calcinées par le soleil, on ne
gagnerait rien à laisser les tubercules dans le sol.
De tels tubercules mûrissent, par privation préma-

turée des aliments de l'accroissement, et le but de la culture doit être de favoriser leur développement.

Le 20 septembre, mes tiges vertes de pommes de terre faisaient encore de l'herbe ; je les ai fait détacher alors, et livrer sans appui à l'ardeur du soleil. J'ai fait la récolte trop tôt, le 15 octobre ; les tubercules n'étaient pas parfaitement mûrs.

On voit que le moment de la maturité a dépendu de ma volonté, et que j'ai pu gagner le produit d'une végétation de quarante jours au-delà de la végétation des pommes de terre qui ont été assujetties à la culture commune.

Je crois qu'il sera d'un faible intérêt de greffer une espèce de pomme de terre sur une autre. La greffe favorise la fructification, en diminuant les projections d'herbe verte et d'herbe blanche, dont nous devons nous appliquer à favoriser le développement ; ainsi il est probable que la greffe des tiges vertes occasionera une diminution dans le produit des tubercules, qui ne sont qu'une modification de l'herbe blanche. Cependant si une bonne espèce refusait de donner des semences, et qu'on voulût en obtenir, alors, il faudrait la greffer.

On cultive dans le midi de l'Europe quatre plantes à fruits succulents qu'on peut greffer facilement sur tige verte de pommes de terre : l'aubergine, l'alkekenge, le poivre-long et la tomate.

En envoyant au Jardin du roi, le 8 octobre, des

tomates greffées, avec les tubercules correspondants, j'ai écrit à M. Thouin que je ne croyais pas que la greffe des tomates nuisît à la qualité ni à la pesanteur de la récolte des tubercules, parce que ces plantes ne développaient une telle vigueur, qu'en tenant compte des sucs nourriciers répercutés par la greffe au préjudice des racines; il restait pourtant vrai que les projections d'herbe offraient une masse plus considérable, etc.

Un plus mûr examen m'oblige à considérer cette intéressante question comme indécise.

J'ai greffé quarante jours trop tard ; les tubercules étaient formés. Obligé de chercher l'herbe continue sur un point très élevé de la tige verte, j'ai réservé toutes les feuilles inférieures comme une échelle indispensable pour porter l'eau du sol vers le bouton inséré. Ces feuilles, auxquelles jai seulement ôté leurs bourgeons axillaires, à mesure qu'ils se présentaient, ont pu nourrir les tubercules.

Il faut donc, au mois de mai, greffer des tomates sur un rayon de tiges vertes de pommes de terre ; et si la récolte des tubercules n'est ni altérée ni diminuée, alors il sera vrai qu'on peut obtenir deux récoltes, en greffant la tomate sur tige verte de pommes de terre ; et il pourra être intéressant d'obtenir cet excellent légume par la greffe, et d'être affranchi de tous les soins et de toutes les précautions qu'impose sa culture sur notre élévation.

J'espère que l'année prochaine, dans les portions communales de Colombé, on cultivera le melon, le chou-fleur, la tomate et l'aubergine. Ces plantes auront été greffées par la main des villageois, qui en savent aujourd'hui autant que moi sur cet objet.

Cela répondra aux objections qui m'ont été faites plusieurs fois : que la greffe des plantes annuelles devait être d'une exécution difficile, d'où résulterait que cette greffe ne serait jamais qu'un simple objet de curiosité.

Pline nous dit que de son temps l'industrie, stimulée par un luxe insolent et cruel, avait porté les légumes les plus simples à une telle valeur, qu'ils étaient exclus de la table du pauvre. On voit qu'un but opposé a été l'objet de nos travaux. Pline a payé un tribut nécessaire aux préjugés de son siècle. Ainsi, il nous avertit qu'il n'est pas permis d'essayer toute espèce de greffe; qu'on risque de provoquer la foudre, lorsqu'on greffe sur l'aubépine, etc., etc.

Nous ne craignons plus de greffer sur l'aubépine; mais si quelqu'un s'avise de greffer certains datura sur tige verte de pommes de terre, je lui conseille de goûter les tubercules qui résulteront, avec circonspection, car la circonspection ne peut nuire, à moins qu'elle ne produise l'indécision.

Si j'ose préjuger le résultat d'un tel essai, les tubercules qui résulteront ne seront pas dangereux.

POST-SCRIPTUM.

Le 20 novembre, j'ai envoyé au secrétaire de la Société d'agriculture de Metz un excellent melon. Ce melon, détaché à la fin d'août, et greffé sur une plante adulte de concombre, a employé quatre-vingt-dix jours à parcourir les degrés de l'accroissement et ceux de la maturation. Sa grosseur n'a pas dépassé celle d'une belle poire de bon-chrétien.

A la fin d'octobre je fis voir ce dernier fruit à M. Hollandre. Il observa des signes de dépérissement sur la tige et sur les feuilles du sujet; et comme ce fruit était resté très petit, et que les nuits étaient longues et froides, il jugea que ce dernier fruit donnait peu d'espérances; j'en jugeai de même alors.

Le lendemain, avant de le condamner, je voulus l'examiner. Je fis défaire le cadre qui soutenait un châssis dont on couvrait la plante pendant la nuit; j'observai que le fruit était plein de vie, et qu'il continuait à grossir; la racine du sujet paraissait pourrie depuis plusieurs jours; le collet de la plante était sans vie; les quatre premières feuilles étaient mortes; le limbe des quatre feuilles suivantes était desséché; leur pétiole n'était plus animé, excepté près du point de leur implantation; il restait trois autres feuilles en comprenant la nourrice spéciale ; chez ces trois feuilles, la décroissance était marquée dans une mesure progressive vers le collet, les pétioles étaient pleins de vie, le limbe de la feuille nourrice était le seul sur les nervures duquel on observât encore des traces de végétation.

Ainsi, depuis les racines, par où le dépérissement avait commencé, jusqu'à l'extrémité de la tige. la plante entière faisait office de cotylédon à l'égard de ce fruit. Il n'était pas temps de déranger cette marche naturelle que j'avais observée plusieurs fois dans des circonstances analogues. Je fis rétablir le cadre, doubler le châssis et la cloche pendant la nuit. Tous les deux ou trois jours, j'allais observer ce melon. Le 10 novembre, la zone de mort, en s'avançant vers le fruit, était arrivée à 3 centimètres du point de la tige sur laquelle la greffe était insérée. Au dessous, et très près de ce point, je coupai la tige. Le pétiole de la feuille nourrice ne vivait plus dans sa partie supérieure ; je rabattis également cette partie. J'enveloppai ce melon dans une feuille de papier et le suspendis au trumeau de la cheminée du salon, où on fait un grand feu avant le point du jour. La mort commença à s'avancer dans le même ordre. Mais sous le châssis, le dépérissement avait lieu par pourriture ; ici, il s'annonça par dessèchement. Le 20, le dessèchement embrassa l'intégralité du pédoncule. Je jugeai qu'il était temps de déshabiller ce fruit. J'ôtai le papier ; une

couleur jaunâtre, un parfum doux, faible, mais
point équivoque, m'accusèrent sa parfaite maturité.
J'allais l'expédier à son adresse, ne doutant pas de
sa qualité ; mais j'ai voulu vérifier si la semence
était parfaitement conditionnée ; je l'ai trouvée très
pleine, et j'ai goûté cet excellent fruit, chez lequel
la zone des couches corticales était très mince, le
péricarpe proportionnellement plus large, les semences petites, arrondies, pleines, rares, nageant
dans un milieu étroit, rempli d'une eau vineuse, su-
crée et parfumée.

Ainsi s'ouvre devant nous une nouvelle carrière pleine d'aspérités, dont l'entrée est aplanie.
Trois années d'application devront suffire pour déterminer jusqu'à quel point il nous est permis
d'espérer que nous obtiendrons de bons melons
d'hiver.

Nous avons évalué à soixante-dix jours, la durée du temps de la vie complète d'une plante de
concombre. Ce sujet adulte avait vingt-cinq ou
trente jours lorsqu'on l'a greffé. On sait qu'on prolonge la vie des plantes annuelles lorsqu'on les empêche de fleurir, parce que la nature tend toujours
à la réparation et à la conservation, dans le but
d'atteindre à la reproduction. Ici, la nature a employé des moyens qui nous paraissent nouveaux,
mais qui ont beaucoup d'analogie avec ceux que
l'industrie emploie dans le midi de l'Europe pour
obtenir des melons d'hiver.

Le concombre-des-ânes est une plante vigoureuse, la seule (je crois) de ces cucurbites qui soit indigène aux régions européennes. J'ai bien du regret d'avoir négligé ce sujet; l'insupportable amertume de son fruit ne m'aurait causé aucune inquiétude. C'est la vigueur du sujet qui doit principalement diriger notre choix, lorsque nous greffons ces plantes délicates en pleine terre. Le froid suspend l'action vitale, comme cinq, comme dix, comme vingt, selon que le sujet est plus ou moins acclimaté, ce qui suppose qu'avec l'aide du temps, le tempérament des plantes que la main des hommes a déplacées, tend à se mettre en équilibre avec un plus grand froid.

Mais l'acclimatement est excessivement lent chez les plantes annuelles, qu'on renouvelle toujours par leurs semences. Il serait donc important de propager les melons par bouture, et il est probable qu'on y réussira en enterrant le bourrelet d'une greffe.

Si on obtient ces boutures en automne, il faudra leur faire passer l'hiver dans la serre tempérée, et se proposer de toujours greffer, et propager les mêmes individus, par les mêmes moyens, afin que le temps écoulé compte pour leur acclimatement, tout ce qu'il peut compter. Il est à espérer que cette marche produira un jour des melons, chez lesquels le bassin dans lequel nagent les semences, sera occupé par une extension de péricarpe.

Dans la langue de la science, bouton et greffe

sont un ; l'un et l'autre procédés produisent les mêmes résultats, la propagation individuelle.

L'espèce melon ne sera jamais vivace ; mais un individu peut être rendu perpétuel, si on parvient à lui faire passer l'hiver, et à lui emprunter des gemmes au mois de mars.

C'est presque le seul moyen d'éviter les dégénérations qui résultent si souvent du libertinage des fleurs, parce qu'on veut cultiver plusieurs espèces de melons dans le même jardin. Il faudrait donc, dans un espace donné, ne cultiver qu'une seule espèce de melon, et surtout écarter les autres cucurbites.

Je crois qu'il sera mieux de prolonger jusqu'à l'année suivante, la vie des individus qui auront produit de bons fruits ; ce qui donnera la facilité de pouvoir, sans inconvénient, cultiver plusieurs espèces.

M. de Candolle croit qu'un mariage adultère est sans action sur le péricarpe du fruit qui en résulte, et qu'ainsi un fruit délicieux peut renfermer des semences détestables. Si cela est vrai, il faut se mettre en état de ne jamais plus semer de melon, la semence de ce fruit ne pouvant offrir aucune sûreté.

FIN.

TABLE DES MATIÈRES.

FIN DE LA TABLE.

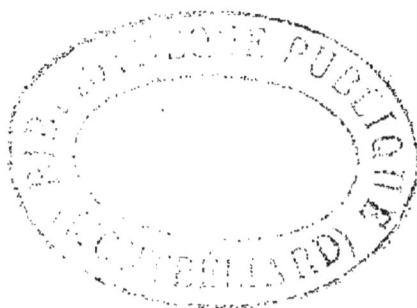

Imprimerie de Raynal, à Rambouillet.

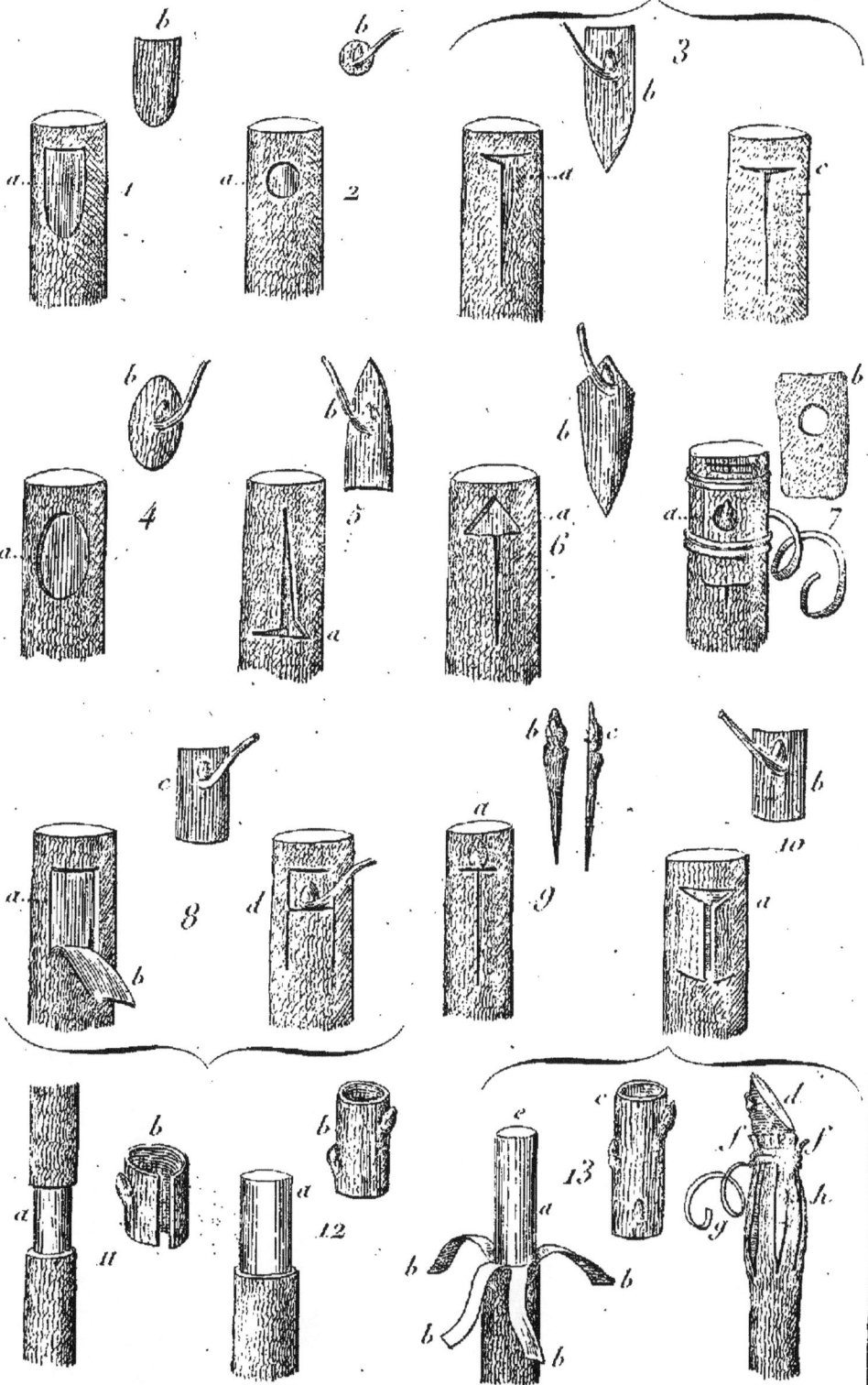

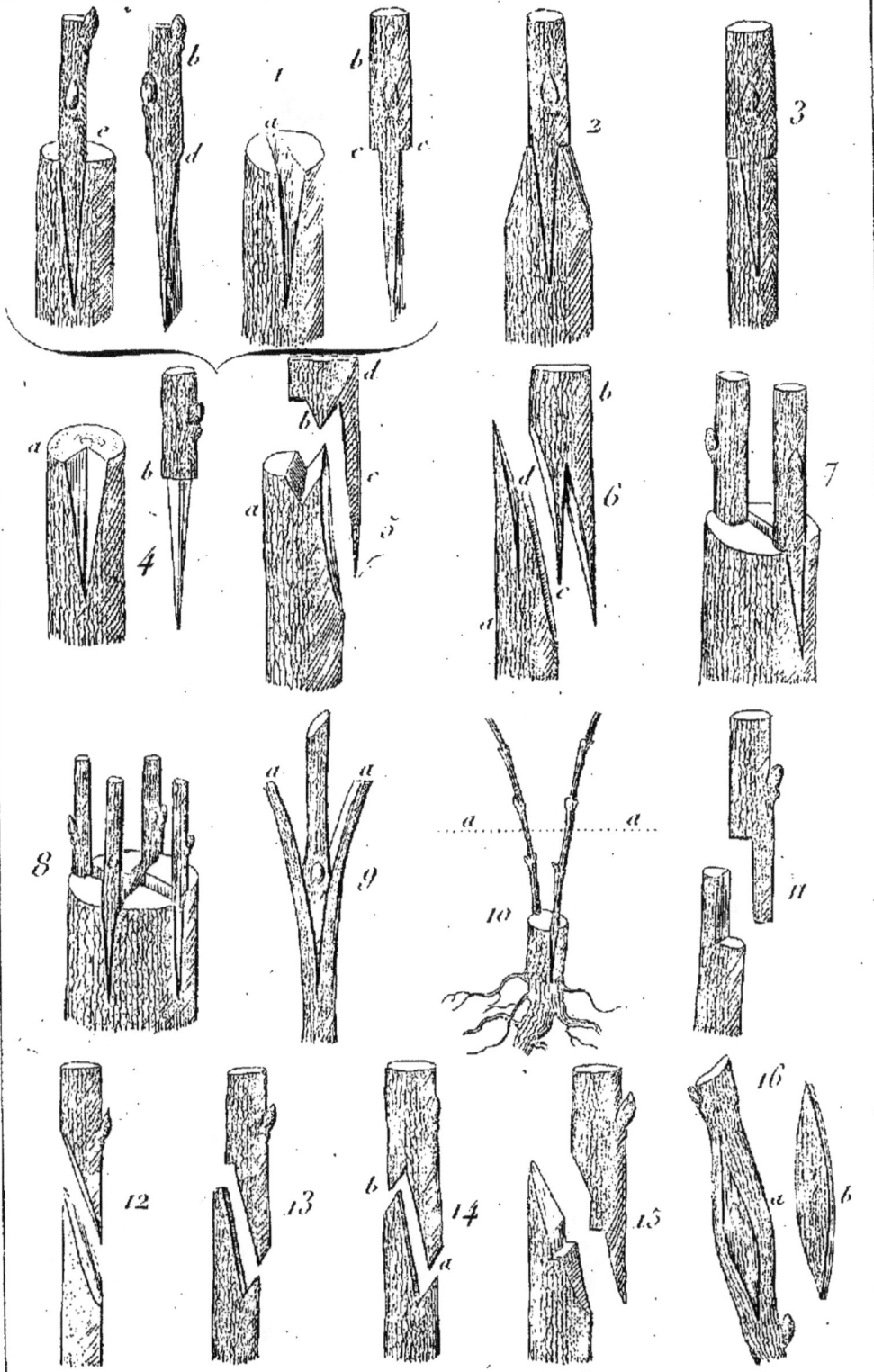

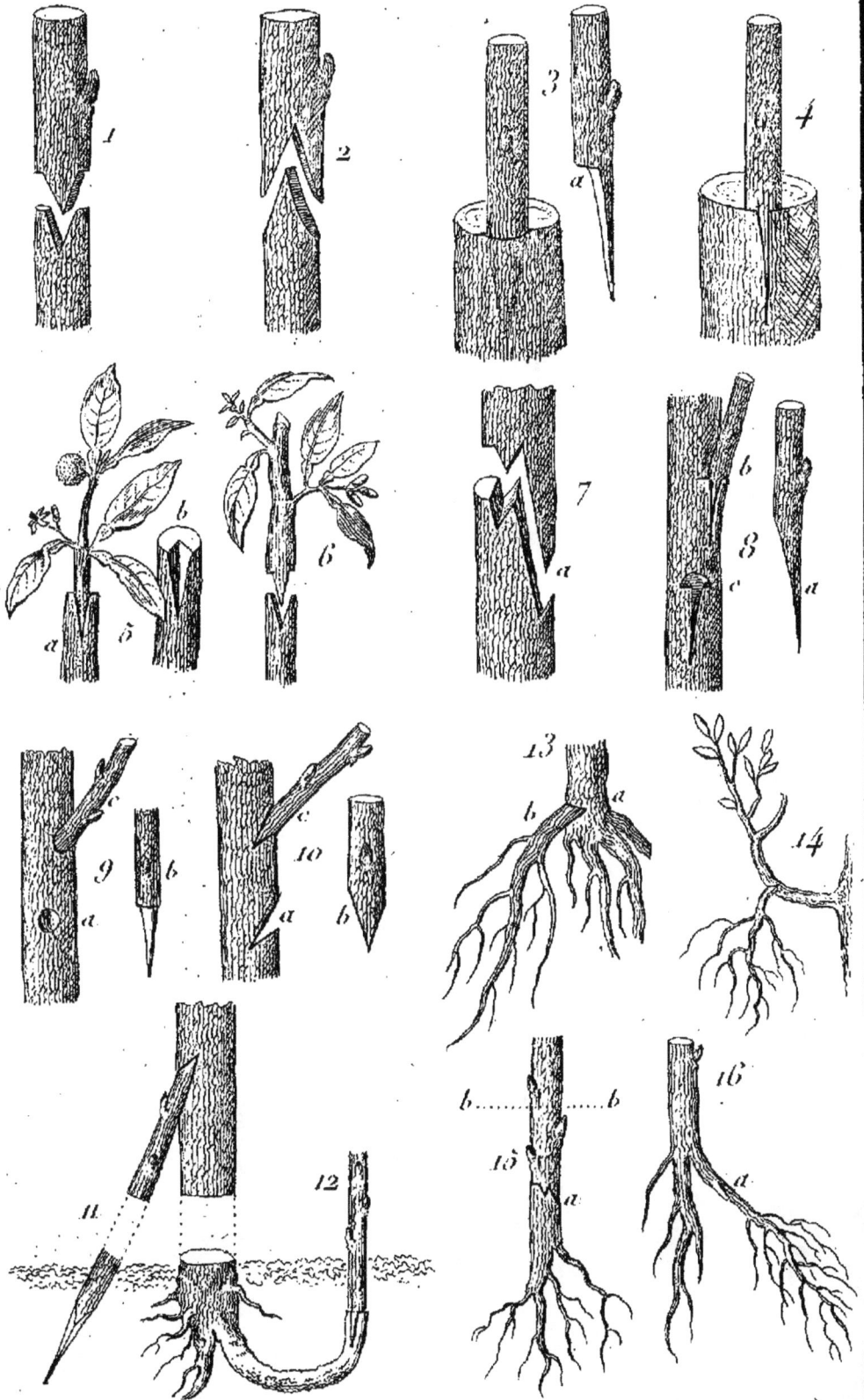

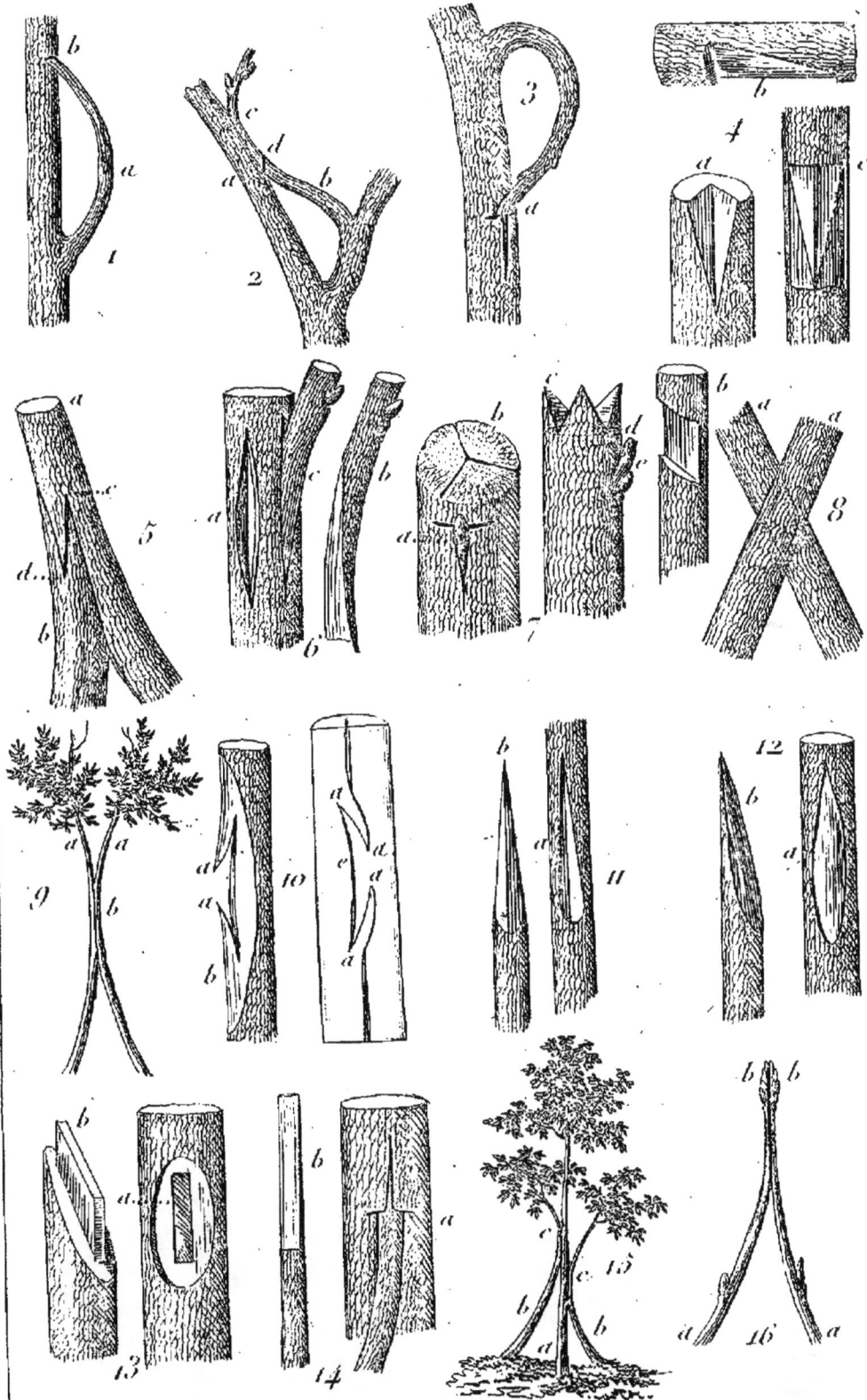

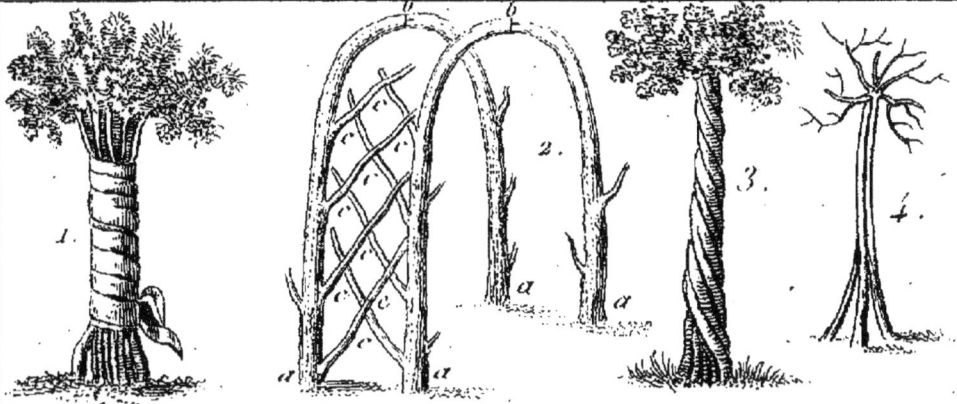

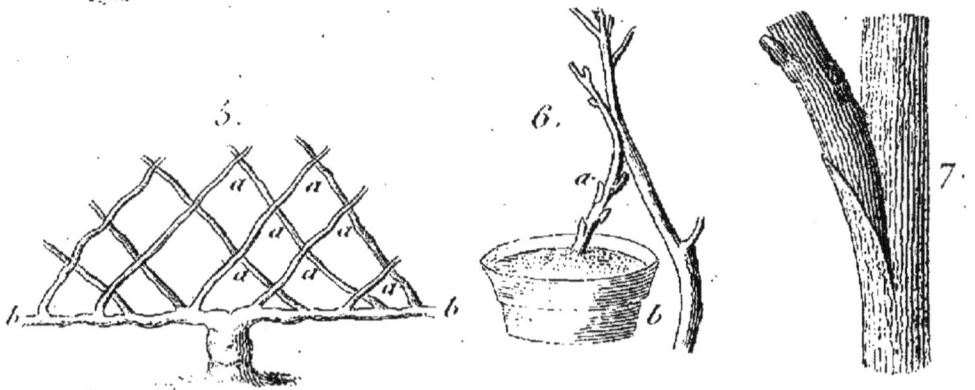

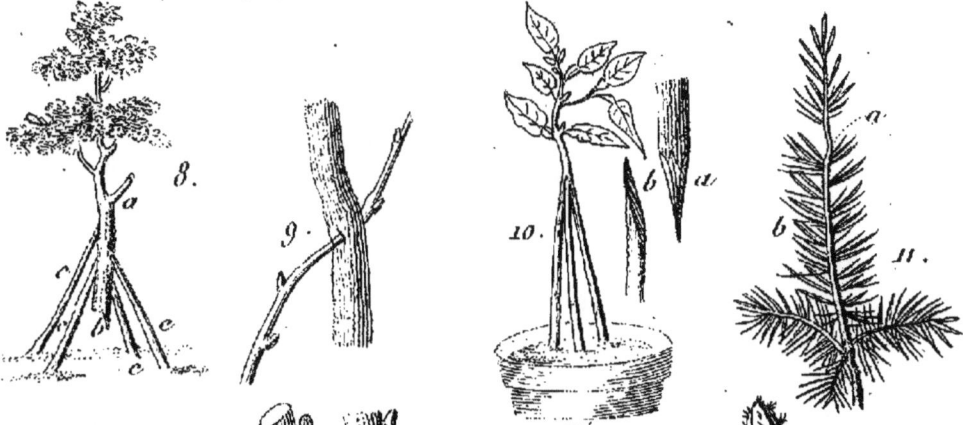

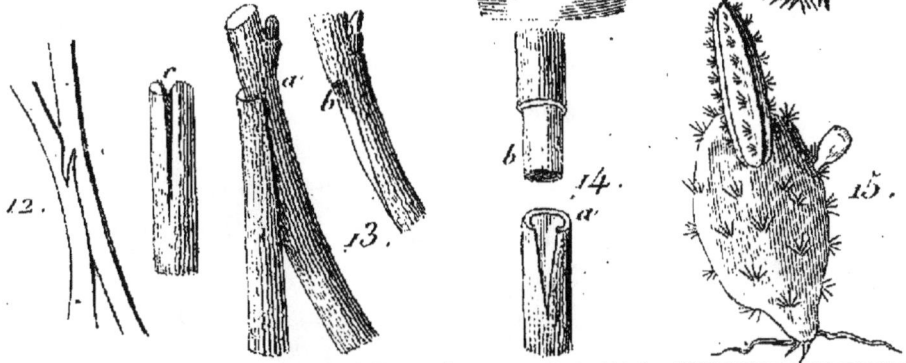

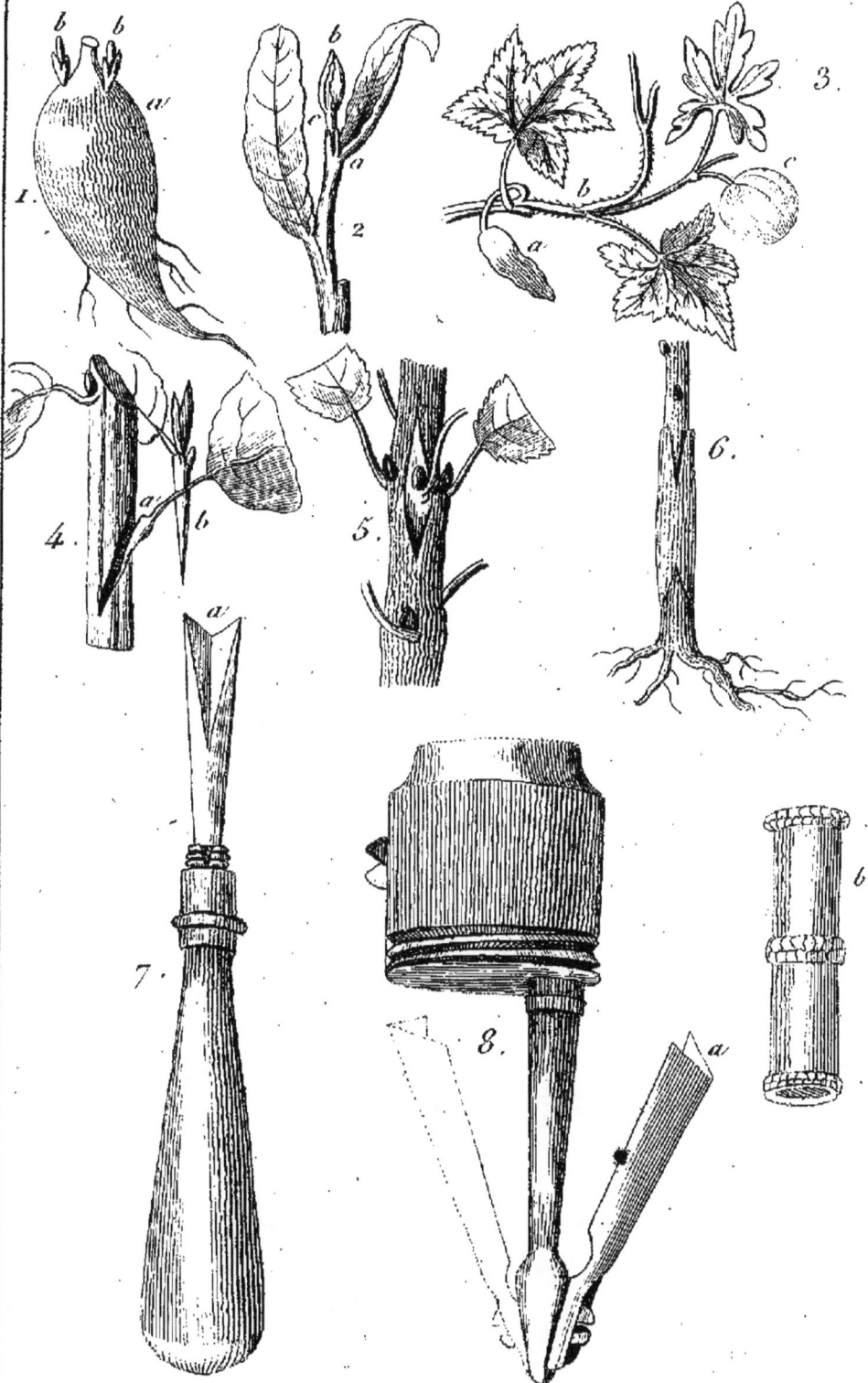

EXTRAIT DU CATALOGUE DE LA LIBRAIRIE AGRICOLE

BIBLIOTHÈQUE DU CULTIVATEUR, publiée avec le concours du Ministre de l'Agriculture.

EN VENTE : 15 VOLUMES IN-12, A 1 FR. 25 LE VOLUME, SAVOIR :

BIBLIOTHÈQUE DU JARDINIER, publiée avec le concours du Ministre de l'Agriculture.

EN VENTE : 11 VOLUMES IN-12 A 1 FR. 25 LE VOLUME, SAVOIR :

```
*28810*
```

j, 1.